學霸

贏在起跑線嗎？

作者：熊方兆怡

銘謝兩位尊師

金老師 (Mrs. Gloria Kim), 糾正了熊潤文做事的時間管理

麥克勞老師 (Ms. Lorriane Mclouglin), 發掘了熊尚文數學的潛力

銘謝

蘆君言女士 (Ms. Joyan Yan) - 翻譯全書的英文內容

美力柯式印刷有限公司
（Magnum Offset Printing Co. Ltd.) - 統籌此書的製作和印刷

孫雅倫先生 (Mr. Alan Sun) - 編輯全書的章節

首次出版　2017 年 1 月 28 日

作者擁有此書的全球版權

版權登記號碼： ISBN 978-988-77656-0-8

版權所有，部分或全部內容未經作者許可，不得用任何形式翻印或輸送，形式輸送包括電子版，影印，錄影或錄音等。

作者：熊方兆怡

電郵： rbhsiung@hotmail.com

First print : January 28, 2017

Worldwide copyright of this book is wholly owned by Ms. Fong Siu-Yee of Hong Kong ,China

ISBN 978-988-77656-0-8

All rights reserved. No portion of this book maybe reproduced ,stored a retrieval system, or transmitted in any form or by any means - electronic ,mechanical,photocopy,recording, scanning, or other,without prior permission of the author.

Author : Ms. Fong Siu-Yee

Email : rbhsiung@hotmail.com

目錄

前序

天下父母心

從古至今的天下父母對於下一代的期望都是類似的，希望孩子擁有一個美滿的人生，健康快樂，事業有成，過著豐盛和安穩的生活，比自己活得更精彩，更幸福。我和熊崇義對我們倆的兒子，熊尚文和熊潤文也有著同樣的期望。

尚文和潤文的求學之路是充滿曲折，如今回想起過程中的點滴，就像珠子串成串連在一起。經過二十多年付出的勞心和勞力，尚文和潤文總算不負我們所望，走進了美國排名前十大的高等和長春藤學府 — 美國史丹福大學的商學院 (Stanford University)，賓夕法尼亞大學 (University of Pennsylvania) 和卡耐基梅隆大學 (Carneige Mellon University)，並順利畢業，事業也有了根基。

在家中，崇義和我堅持嚴格執行生活的紀律，培養了孩子的自專、自律，正確的道德和金錢的價值觀。在小學階段有幸遇上兩位優秀老師，對他們悉心的關照，發掘尚文數學的潛力，彌補了他的語文的不足，也糾正潤文做事拖拉的觀，讓他們及時補償缺失和改正陋習。成長的經歷讓兩個孩子很早知道自己渴望什麼，對自己訂立高期望、付諸行動，實現自己的目標。

尚文和潤文在學業上取得的成果傾注了父母、老師多年的心血。老實說我也曾經採用錯的育兒方式，希望您們不會重蹈覆轍。在此，我欲分享個人養育孩子的經驗，能為你們提供借鑒。

熊尚文

1980 出生於加拿大多倫多市

2002 美國賓夕法尼亞大學（University of Pennsylvania），本科雙學位：

沃頓商學院 (Wharton Schoolof Business Administration)

電腦學院 (School of Computer Science)

2008 美國史丹福大學（Stanford University）

工商管理碩士 (MBA)

熊潤文

1983 出生於加拿大多倫多市

2006 美國卡耐基梅隆大學（Carnegie Mellon University）

電機工程學士

管理資訊系統學碩士

2012 美國斯坦福大學（Stanford University）

工商管理碩士 (MBA)

第一章

贏在起跑線的心魔

1 | 起跑線的根源

"養兒一百歲，長憂心九十九"，中國流傳千年的一句俗語，道出養兒育女的艱辛。孩子成長的路程都是因人而異，因為天生的性格、體能和當時的社會環境都各有不同，因此在不同年代，父母都要付出育兒的代價。

在資訊發達的二十一世紀，時下網上網下的媒體報導，電視片集，教育欄目或各類的兒童的產品廣告，總是環繞著聰明寶寶的育兒方式，「贏在起跑線」，虎爸虎媽，名校的入學考試，名校學區的房價等欄目。因此從孩子出生開始，父母親便開始承受一股無形的競爭壓力，因為大眾父母都擁有相同的夢想，期望孩子從名小學扶搖直上，至名中學，順利過渡至世界和本地高等大學。然後大學畢業後被大企業招攬，事業一帆風順，平步青雲。

父母從購買嬰兒的產品，食品開始，無論價格多高，都買下時下最流行，最健康，最安全的產品給自己的孩子。為了不讓孩子輸在起跑線和成為學霸，在教育花費方面更不會節約，不惜每月花費 2 至 10 萬元去參加課外活動，輔導班和夏令營，購買各式各類的教育產品和服務，或甚至購買天價的學區房，裝備孩子進駐優越的位置，得到名校賞識和拿到入讀名校的入場券。當今父母所承受的育兒壓力真可是不小啊！

名校的優勢在於經驗豐富的師資，成熟的教育方式，學生多是來自中高收入的人群，畢業之後再乘著名校的翅膀騰飛，成為培養職場和仕途的搖籃。當社會經濟繁榮時期，中產父母的收入也隨之而增加，他們都重視下一代的教育，意識到孩子入讀名校的優勢，不惜一切裝備孩子符合名校錄取學生的標準。因而申請入讀這些名校的學生也是幾何倍數的遞增，競爭變得越來越激烈。

　　　　因此進入各地的名校的門檻越來越高，尤以小，中學為甚，全世界如是：北京的中國人民大學附屬小學，附屬中學，上海的復旦大學附屬小學、中學等；香港的聖保羅男女學校，拔萃男書院，拔萃女書院等；英國的伊頓（Eaton），哈羅（Harrow）學校，美國的 Andover，Exeter 學校等，加拿大的 Upper Canada College，St.Georges 等名校，大部分錄取的學生都是來自於社會上的精英家庭。

　　　　名校的學位是有限而申請的人數通常超出幾倍以上，這些名校為了對申請學生公平起見，出臺了三至四頁的申請表格，在申請表上父母需要填寫孩子的語言技能、活動興趣等，同時也呈上父母兩人的教育背景、職業簡歷和家庭地址證明。

　　　　名校又怎樣從眾多申請者挑選合資格的學童呢？又怎樣讓眾多父母接受不獲錄取的決定呢？名校透過高標準的面試門檻去選拔合資格的學童，面試的評分也給它們一個婉拒藉口，讓父母殷然接受不獲錄取的決定。在 2016 年 9 月份媒體報導有關香港的一所高等的名學府的小一收生程式，首輪面試全部一千八百餘申請者全獲安排面試，副校長和主任會與學童們交談和安排集體玩遊戲，過程中評估學童的社交與解決生活問題的能力，從中選出三百名學童參加第二論面試。第二輪面試是評估學童的兩文三語能力，校長會與這三百名家長交談，目的是瞭解家長如何配合學校的教學，評估家長的教育背景和教育理念，是否與校內學生的父母親背景相同。

　　　　那些獲得錄取的學生家長當然沾沾自喜，那些不獲錄取的學生家長則感到沮喪，直覺自己與孩子多年所附出的努力，時間和金錢已經白白浪費，認為自己的子女未有別的孩子強，拿不到入讀名校的光環，感到自卑。

羊群心理

於是乎一般教育網址、雜誌、課外課程的機構均經常在媒體發佈新聞"孩子贏在起跑線"的概念，舉辦一些"教育產品與服務的博覽會"，來激發家長的羊群心理，灌輸"贏在起跑線"的必要性。其目的是去銷售他們的教育產品和服務，報讀他們的課程，提升孩子入讀名校的條件，從容應付名校的面試，提升被名校錄取的機率。因此凡幾十年，產品如英語百科全書、英文閃卡、拼音課本和故事書、數學習作等都非常熱銷。補習課程如公文補習社 (Kumon) 的中小學的數學班、奧數班，語文課程；興趣班如英語拼音、會話、普通話、舞蹈、樂器班等都大行其道。

內心矛盾

在 2016 年 8 月 8 日香港中文大學研究的報告說道："家長對「贏在起跑線」的觀點是內心都充滿矛盾，一方面希望孩子每天生活愉快，沒有壓力地學習，但是另一方卻認為如果孩子不參加同齡兒童的課程補習班和興趣班，就會失去入讀大中小名校的機會，從此便會輸在人生的起跑線，將來的事業前途一定不會如意"。

「贏在起跑線」的公程式已經植根在全世界的父母心中，把起跑線的起點推前至幾個月大的嬰兒，報讀各式各類的興趣班，補習班來爭取入讀名校的機率。

2 ｜ 克服未贏在起跑線的心魔

　　尚文，潤文，他們倆年少時未有贏在起跑線，入讀的小學、中學並非名校，也從未報讀語文、數學或其他學科的補習班，只是參加球類，游泳的興趣班。年幼時，我從來不刻意安排他們進入名校，我們選讀學校的標準是該學校是否小班教學，注重德行紀律，每年的學費和費用是否合乎我們家庭收入所能承擔。

　　當其時我看著我們朋輩的子女一個一個地入讀名校，內心都有點忐忑不安，老是覺得自己孩子已經落後他們了。後來想通了，我儘量不讓自己的心魔貶低尚文，潤文的能力，時刻提醒自己要做好母親的本份，悉心照顧他們起居飲食，用自己手上的資源去栽培他們成才。

　　尚文，潤文都不是什麼「學霸」。尚文在學途中，小學時他是一個平庸的學生，他中學的成績只是中上；潤文體弱多病從小有扁頭疼、哮喘，濕疹，加上有口吃，更不幸在七歲時遇上車禍，左小腿骨折。但他們倆人和我都沒有放棄夢想，一步一步面對困難，克服成長路上的荊棘。

　　名校畢業不等於孩子拿到事業的金漆招牌，長大後自然功成名就。求學只是孩子人生旅途的一站，所謂 " 條條大路通羅馬 "，經驗告訴我 : " 贏在起跑線之後的長跑才是最重要的 "。家長們需要克服自卑的心魔，無需過分看重 " 贏在起跑線 " 的概念，相信自己，更要相信孩子。

　　在未深入談論「成功贏在起跑線」的前提，讓我簡單的介紹有關孩子，崇義和我的背景資料，使您們容易理解他們的蛻變。

第二章

回顧過去

1 │ 現代移民的故事 ── 回流

　　說起我孩子的出生、成長環境，就不得不提到我們一家的移民之路。當代移民已不再是從亞洲國家移民至歐美加澳，而是反過來從歐美加澳回流至亞洲。尚文和潤文的父親 ── 熊崇義，經歷了以上兩次移民潮。崇義 15 時跟隨父母從香港移民至加拿大，分別在加拿大、美國接受中學和大學教育，畢業後在加拿大一家跨國的煉油公司工作。到了他 42 歲那年，為了謀求事業發展，從加拿大回流到香港。

　　當初崇義的父母為了下一代的幸福，讓孩子生活有機會在外國上大學，毅然放棄自己在香港的事業，在 1965 年全家移民到加拿大，從零開始。崇義的父母一直希望兒子留在加拿大工作，待在他們身邊。

　　機緣際遇，世界政治與經濟的變幻驅使崇義加入從加拿大回流至香港的潮流。大學畢業後崇義開始在加拿大一家國際石油公司工作，首 6 年每 2 年都晉升一個職位，直到 80 至 90 年初，因為伊拉克戰爭突然爆發，石油價格飛升導致世界經濟陷入危機，下游煉油工業的利潤連續 10 年暴跌。他的公司的營業額大幅下滑，停止一切的投資和擴充，崇義連續 4 年處在同一職位，他開始對自己事業發展感到忐忑不安。

　　其次，大多數外國公司都暗地裡設置種族「玻璃天花板」制度，來限制非白人晉升到高級經理和決策層，崇義也不例外遇到這些障礙；無論在工作怎樣勤奮，表現出色，在每年工作的評估報告，上司對他工作表現總是有保留，拿不到最高的等級。在公司日常運作經常受到同輩歧視，下屬不服從他的指示。

　　最後促成他決心回流香港的機遇是在 1993 年英國簽

訂了把香港回歸中國的協定，跨國企業改變了管理的策略，打破為香港華人而設的「玻璃天花板。香港回歸中國之前，大量海外本地註冊公司為了準備 1997 年後迎合香港政治身份的轉變，這些公司開始招募中國籍管理人才擔任主席和高層管理職務，因此高層的職位多了空缺。

就在 1992 年聖誕節，崇義的生活軌跡意外地改變了。為了探望我在香港居住的父母，期間我們遇上了雷樂田先生，他是一家英國化工企業的總裁，力勸崇義在香港謀職發展，理由是香港是世界各國大企業進入中國市場的第一站，這些企業求賢若渴，尤其是有海外機構的管理經驗和能說英語，粵語和普通話人士成為他們主要招攬的對象。

雷先生為崇義介紹了一位頗有名氣的獵頭顧問，他人脈豐富，深信崇義的學歷和工作經驗是無可置疑，能在這些世界大型企業接受過最嚴謹的在職培訓，站穩著腳絕對不是容易。所以他極力推薦給一家公司總裁，經過 3 輪面試，公司拋出橄欖枝，崇義順利成為該公司的其中一個部門總監。

1993 年 8 月 30 日，滿懷著對未來生活的嚮往，我們登上了往香港的航班，回流香港。

2　搬家的第一，二站

我們兩次搬家的原因都是因為崇義的工作崗位有轉變，搬家也直接影響了尚文與潤文的學習情況。

搬家第一站

我們第一次搬家是在 1992 年，從加拿大東岸多倫多市遷到西岸溫哥華市。

孩子的新學校是一所由耶穌會管理的私立男校 —"溫哥華天主教中小學學校"，學校課程根據加拿大教育體系制定，和他們之前在多倫多萬應聖母小學 (縮寫為 OLPH) 基本相同，兩個孩子迅速適應了新環境。尚文在小學六年級時已經是修畢初中一的數學，所以上初中一，學校批准他選修初中二的高級代數課。當期時，尚文的信心爆棚，每次他上數學課，他需要離開自己的課室到初中二課室上課，引起同學的關注，對這位新來的學生另眼相看。學年結束的時候，尚文的全部科目成績平均分 (GPA) 在初中一班級裡排第三名，高級代數課和英語文學也拿取了 A 等成績。而潤文上小學四年級，未有遇上任何困難，所有科目成績平均分在 90 分以上。

他們安然適應了新學校的考驗 . 他們兩人對自己的學習能力都充滿自信。

搬家第二站

第二次搬家是 1993 年，我們從溫哥華回流到香港。

為他們報讀了一所國際學校，其課程設置是按照美國教育體系，因為課程不能銜接，尚文一下子適應不來，這是他人生中第一次遇到難關。他初中二班級的成績一落千丈，在班級的排名基本墊底。

在初中二，初中三學年，尚文再不是屬於班級的優秀學生，他學習高級代數和英語文學十分吃力，最後這兩門的總成績只能剛剛合格。這一學年他心裡備受打擊，從一個受到同學公認為數學才子變成為一個數學庸才。最震驚是接到他英語文學老師的評語，尚文現在的寫作達不到初中二年級英語文學班的水準，提意他轉讀英語非母語班級上課。我無法理解尚文在他初中一時他英語文學的成績是 A- 等級，為什麼一下子可以淪為 C- 等級。這兩年讓尚文的自信心跌至穀底，昔日樂觀的微笑也消失了。

　　而潤文的問題不是在適應課程方面，而是來自學校同學、老師和家長的歧視。這些問題一直伴隨他從加拿大至香港。潤文從出生起就有濕疹，哮喘、偏頭疼和口吃，來到香港也如是。因為有濕疹，潤文臉上和四肢都經常長著紅色的斑塊，瘙癢難耐，像一頭猴子一樣，總是需要不停的撓，沒法安靜坐著五分鐘。很多學生都不願意和他交往；老師和家長都帶著異樣的眼光看待他。這些歧視讓潤文心理受到很大打擊，試問哪一個孩子不想得到同輩的接受呢？

　　環境的改變給尚文和潤文帶來了挑戰，但他們都沒有被面前的困難絆倒，放棄自己。

3 ｜ 啓蒙學校

　　人類的智慧都是從學習和生活經驗一點一滴的累積，小學的 6 年光陰是啓蒙最重要的階段，奠定了孩子的語言表達和思維方式的基礎。啓蒙學校的重要性從中國的幾千年的故事 " 孟母三遷 " 顯現出來，孟母為了給萬子上優秀的學堂，不惜三遷居所。因此選擇一所好的學堂給子女是當今父母最費心的事，我建議父母應該從三方面考慮：家庭經濟條件，孩子語言和學習的基本能力，和學校的教學風格，從而決定哪一所是最合適的學校。

奧瑞歐幼稚園 Oriole Nursery School

　　　　尚文從 3 歲開始上了一家離家不遠的私立的幼兒所 —" 奧瑞歐幼稚園 "，它坐落在一座基督教堂的地下室。入讀前他的英語會話能力幾乎是零，只是明白簡單的日常用語。在幼兒班，老師都是按照學生的能力因材施教，沒有家課作業，只是聽故事書，唱兒歌，做手工藝，戶外遊戲等活動。因為他沒有語文基礎導致他比較寡言，與同學溝通時只能用上單字或簡單的組合詞令。到尚文要升讀小學的時候，我們需要為他選擇合適的學校來彌補他在英文會話和溝通方面的能力。

　　　　我們的情況又有些特殊，我跟崇義是移民到加拿大的第一代，我們認為讓孩子融入主流社會很重要，更有利於他們將來紮根在加拿大，讓他們能與加拿大人的孩子交朋友並肩成長，擁有加拿大人的說話口音，言行和舉止，長大後能順利融入主流社會，不會受到排擠。所以我們挑選小學的標準是學校具備校風淳樸的口碑，校內的學生大多數是屬於本土加拿大人。

首尚加拿大學校 Upper Canada College

　　　　按照以上的條件，我們仔細考察了社區的學校，挑了三個備選。排名第一位是 " 首尚加拿大學校 "，它是在多倫多一家極具名氣的私立男校，畢業生多是加拿大出名的政客和專業人士。但是它的學費昂貴，超出我們每月的支出預算，更何況我們有潤文需要考慮，所以打消了這念頭。

布朗法語學校 Brown French Immersion School

　　　　排在第二位的是一所很受專業人士歡迎的公立學校 —" 布朗法語學校 " 從第一至第三年級所有課程都是由法語教

授，直到第四年級才加入英國語文課。學校教室現代化，校內還有室內游泳池、田徑場。在當時家長把孩子送到這裡上學，大多認為孩子能在幼年時已經打好兩語的根基，將來在今後的工作中更具競爭力，贏在起跑線。我們也想拿下這個光環，蠢蠢欲動。

再三考慮，"布朗法語學校"須有名氣和受歡迎，實際上不是一所適合尚文的學校。其一，考慮尚文的基本情況，從小以法語為學習語言，不利於他英語水準的提高，可能影響他日後英語說話和寫作的能力，限制他對其他科目的興趣；其二，在那一年，布朗法語學校"報名人數創下歷史新高，因為教室不夠用，他們分為上下午班，尚文被安排在下午班，每天只能上學半天，；其三，班級人數多，每一個班級有 30 多人，我們恐怕一個老師面對這群不懂法語的孩子無法因材施教，尤其是教導像尚文一樣背景的孩子，母語不是英語的學生。最後我們毅然選擇放棄了"布朗法語學校"的錄取，鎖定了第三選項"萬應聖母學校"。

萬應聖母學校 Our Lady of Perpetual Help School

"萬應聖母學校"是一所天主教教會的公立學校。學校校舍的內外設備比較殘舊，校園的操場全鋪滿堅硬水泥地面，基礎孩子玩樂的設施很簡陋，但環境尚算清幽。但是真正吸引我們選擇這所學校的原因是，這所學校是以英語授課為主的，坐落在猶太人和白人社區，新移民學生只是寥寥幾個。每年級都不超過 20 多人，全校只有 125 名學生左右。

事實證明，我們的選擇是正確的，因為班級人數少，老師都記得每一名在校的學生名字，學生都獲得校長和各級老師的關注。而且在這所競爭比較小的學校學習，尚文可以默默的打好他英語的寫作和會話基礎，讓他與同級同學的學習距離拉近，在同學面前不會感到太自卑。

選擇學校的標準

因此，父母選擇合適的小學，中學給孩子需要考慮家庭經濟條件，孩子語言和學習的基本能力，和學校的校譽和風格。我們無需介意孩子在一所普通或沒有名氣的學校學習，因為對孩子的前途不會有深遠的影響。

學校不是人生輸贏的起點，只是孩子學途的一站。在這階段最重要是裝備孩子的語文寫作、口語表達、數學能力，對人，社會和事物的認知，為日後的人生打下基礎。地基牢固的孩子，就活像一顆矮和蠻幹的樹，遇到強風暴雨，他們不會像高崇入雲的大樹容易塌陷。

讓孩子擁有理想和渴望，由他自己推動自己去完夢。

第三章

父母親的基本功

　　育兒是一個漫長的過程，父母需要做好準備，明白做父母的權責，兩人昔日的單身的生活已是一去不復返了。策劃孩子未來的生活，父母需具備五項的基本功：1. 對孩子的承諾，2. 對子女的關愛，3. 紅臉與白臉，4. 體罰孩子，yes or no?，5. 正面與負面的育兒方式。

1 | 對孩子的承諾

　　尤記得熊尚文裹在一條藍色毯子裡，被護士抱了出來，我和崇義看著剛剛來到人世的孩子，不得不感歎人的生命本身就是一個奇跡。我們的眼睛就離不開尚文，聊天的所有話題也都是關於他的每一個表情、每一個動作。最開始照顧尚文時我們手忙腳亂，很緊張，直到他日常飲食睡眠習慣安定下來，我們生活的節奏才漸漸回歸常態。

　　孩子的出生就等於生命的延續。我們都知道童年的經歷會給予人一生的烙印，父母的教育風格對子女性格和行為的培養有著重要影響，塑造了孩子對自己的認受性。

　　當我回顧自己的成長路，有著一些不愉快的經歷和成長的缺陷。當尚文來到我的世界，我警示自己，不會讓他在生命路途中迷茫，不知道要什麼，不能延續我自身成長的缺陷到兒子身上。

　　初為父母，毫無經驗，很容易無意識地不吸取教訓，重蹈覆轍上一代的養兒的教育方式。因此教育中的缺陷也會延續，為了不讓孩子絆倒在我的老路上，我需要策劃一套養兒教育的系統。

　　我深信孩子年少時就像森林內的一顆小樹苗，培植時需要肥沃的土壤；我就像一個農夫，一日復一日地守護著這顆小樹苗，每天澆水，施肥和拔野草，直至它根莖強壯。世界名哲學家亞裡斯多德 (Aristotle) 說：" 首先，人本身的基本條件大部分是隨機緣產生的，並非出自我們的選擇。"，我的演繹是每一個人的組合是先天的條件加上後天的培養，不是由個人選擇的。既然，我們作為父母無法改變孩子上天賦予的條件，我們只能在後天補救先天的不足。

　　我對孩子作出承諾 — 他們生命中永遠有父母的愛作後盾，內心未有疑慮，有勇氣為未來打開一片屬於自己的天地。是的，愛是一種本能，但如何去愛，方式需要與時並進，不斷觀摩和練習。

2 ｜ 對子女的關愛

　　嬰孩的情商和性格從他們出生就開始時茗芽，透過與父母和照顧他的人接觸，產生對自身的評價。初生嬰兒與父母的關係是在互動中產生的，經過長時間成形。在他們沒有掌握語言能力之前，哭啼是幼兒提出要求的信號，這是孩子與父母交流的其中一種方式。因此父母應該從這一刻開始對孩子哭啼的重視，不要忽略他的要求。當尚文和潤文哭啼的時候，我會嘗試去安撫他們，找出哭啼的原因。

　　日常照顧孩子的責任就落在我身上，當期最流行的一本育嬰指南由美國作家 Dr. Benjamin Spock 出版 —《育嬰幼孩指南》。我就跟著他的理論按部就班，來照顧尚文和潤文。在孩子面前，我與崇義說話時都是放低聲浪，用著悠和的語調說話，加上溫文的動作，讓他的情緒安靜。我們的貼心照顧專遞了正面的訊息給他們，讓他感受到父母是何等重視和關愛他。因為有了對我們信任，他們不會大聲哭啼，哭啼一兩聲後便耐心地等待我們，面容也經常掛上笑容。

潤文的經歷有些特殊，由於他身體的濕疹和對奶類敏感，皮膚乾燥發癢和經常消化不良，導致他晚上無法安寧入睡。他身體的不適導致他未有安全感，因此，短暫的睡眠一醒過來，他就放聲大哭，只有抱著他，他才會停止。為此，我失去了連續性睡眠的習慣，每次連續性的睡眠都不超過 2 個小時，三，四年每天都是過著這些瞇睡的生活，累透了。但是我在想，孩子是自己帶來這個世界的，我們得付上這個責任照顧他，愛他。

雖然潤文的性格比尚文急躁，他兒時沒有受到父母我們倆的排斥和不公平的對待，反而我對他關注更多，因此長大後他像尚文一樣能從容面對生命中的波折，抱著樂觀的心態去實事求是。

父母很多時候誤會，認為經常不回應孩子的數求，哭啼或喧嘩，是培養孩子剛強的性格手段，其實是適得其反。如果父母經常毫無反應，大聲喝罵或不聽孩子說出心中的不忿，讓孩子長時間哭啼，他最終會對父母失去信心，知道自己不受重視；往後他只會採用兩種方式來提出要求：開始時會是大哭大鬧，如果還是得不到回應，他會變得暴躁或會變成沉默，對自己的評價很低，將會變成日後親子關係的拌腳石。

從嬰兒時期開始，孩子也開始鬧情緒和提出要求。父母隨了悉心照顧他們之外，也需要即時梳理孩子的情緒，騰出工餘的時間與他們對話，共玩樂，使他們知道父母是他們成長路上的一座靠山。

3 紅臉與白臉

成功培養孩子的自律性

成功培養孩子的自律性，需要父母一方唱紅臉，一方唱白臉的。我和崇義在教育孩子的時候，也遵循了 " 陰陽互補 " 法則，崇義是寬容的父親，而我是嚴格的母親；崇義習慣滿足孩子的要求，而我為他們定規矩、立期望，讓他們遵守和完成。這樣孩子的生活更具有可預見性，情感上有充分的安全感。

在孩子面前，父母最好預選一個角色：一方做白臉，一方做紅臉。那一位適合做白臉或紅臉的角色可以按照二人的性格來安排，比如我性格比崇義嚴肅，正好就是家裡的白臉。而崇義的性格隨和，喜歡開玩笑，正好唱紅臉。而且執行前，我們預先協商一致，共同為孩子們訂立紀律和每天活動的時間表。

白臉

白臉這個角色就是管教孩子，約束和監督孩子的行為，給孩子提出要求，並且貫徹執行。我每天就像看守羊群的牧羊犬執行紀律，要達到預期效果的第一步，我會在每天晚餐時告訴孩子第二天的活動安排，讓他們有心理準備。第二步，在當天早上再提醒他們的安排，監督他們是否按照計畫，時間行事，直到他們完成為止。

孩子天生好奇好動，不會事事服從，並經常挑戰父母老師的權威，嘗試擺脫預定的安排，所以我很小隨意改變時間和計畫，讓他們習以為常，讓生活的紀律變成習慣。

　　困難點是不單是要規範尚文和潤文，同時也要規範崇義，因為需要他的配合才可以成事。比如每天下午 6 點至 8 點，必須停止觀看電視節目，讓孩子專心做作業。崇義欲想在這時段觀看電視節目也不行。為了孩子，崇義也需要犧牲他的觀看電視的時間。

　　之後，我發現兒子們習慣了生活的紀律之後，就像給他們上了鬧鐘，到點他們就會自己開始做安排好的事情。他們形成自律之後，一聲號令他們便會在 10 分鐘內停止觀看電視節目或玩網上遊戲；不用每次提點他們做家課作業、和早點上床睡覺，我們母子之間就減少了很多摩擦和爭議。

紅臉

　　紅臉就是寵愛縱容孩子的家長，總是滿足孩子的願望。美國著名心理學家鮑姆林特提出：“ 縱容型父母對孩子寬容大於要求。不像傳統家長對孩子要求很多，不要求孩子表現得成熟，允許他們自我管理，避免和孩子發生衝突 “(1991)。因此縱容型家長跟孩子更聊得來，和孩子相處時更像是朋友而不是家長。

　　在我們的小家庭裡，崇義是唱紅臉。他跟兩個兒子的關係像是玩伴，有著共同興趣，週末一起打遊戲，一起騎車，一起往超市，書店，玩具店購物。尚文和潤文覺得老爸就是家裡的聖誕老人，每次崇義出差，就會給孩子帶回來最流行的玩具或是遊戲軟體。他從來不會過問他們學習的成績和提出要求，下了班回來，他就會與他們開玩笑，分享笑話和時下流行的遊戲。自然而然，兩個孩子更親近父親，他們三人在一起的時候總是歡聲笑語。

教育孩子需要父母雙方配合，站在同一陣線，讓孩子在成長路上產生對生活和環境的安全感。教育的網站的教育家馬度 (Routine：Why they matter and how to get started. 來源：Edu.com, Medoff, 2013) 指出 " 實際上白臉和紅臉兩種教育模式是相輔相成的。成人提供的環境讓孩子感覺安全，孩子就學會了信任他人、照顧他人，這樣孩子身和心態就能夠放鬆下來，由他們的好奇心帶領，積極地探索世界 "。

4 | 體罰孩子，yes or no?

年幼的孩子長期受到家長無理由的體罰和喝斥，性格和行為會受到影響，久而久之自我價值觀也會被扭曲：首步，他會變得懦弱、自卑，沒有勇氣去面對困難和錯失，總是想逃避責任，秉承 " 不做不錯，多做多錯 " 的做事宗旨；二步，變得缺乏主見，秉承 " 除聲附和，人云亦云 " 的做事方式；最後，孩子為了避免懲罰學會了陽奉陰違，表面上唯命是從背後卻做一些叛逆行為。

美國德克薩斯大學人類發展教授格爾紹夫教授和密西根大學社會工作學院的凱勤教授共同完成了一項研究，分析體罰對於孩子的影響。他們 50 年來回顧了 15 萬名曾受體罰的兒童，研究發現父母體罰孩子並不能讓孩子馬上服從，若長期採用體罰方式來控制他們的情緒或行為，孩子就更加不願意服從成人，包括家長，老師，上司，配偶等所定下的生活或做事規律。長大後他們心底內埋藏著反叛性的傾向，會不由自主地作出攻擊性的行為，嚴重的造成心理健康問題和認知障礙。

　　其次，體罰是會代際傳遞，曾經受體罰的孩子更可能支持體罰自己的孩子，體罰的態度因此會代代相傳。對此，他們忠告家長們應該採用積極的，非懲罰性的管教方式對待孩子。

　　尚文十歲前，我採用了家長權威性的方式來管教孩子：兩道的板斧就是體罰和嚴厲呵斥孩子。他們倆如果不聽話、搞亂，我就會用力打他們屁股和大聲斥責他們，告訴他們的不是，這方法很管用，見效很快。但是後來發生了兩件事，讓我開始反思我管教方式是否會對孩子的心靈和身體帶來創傷和後遺症。

　　第一件事發生在 1998 年的秋天。

　　我們的家做了大型的加建工程，擴大了廚房和家庭室的面積，並且全屋都重新粉刷。有一天下午尚文和潤文就用蠟筆在飯廳的牆面上畫畫。我回到家看到塗成鬼畫糊的牆面，怒氣一下堵住了我胸口，不由分說我一把抓住孩子，不停地打他們倆的屁股直到最後我的手也麻了。冷靜下來後，我開始反思這些暴力體罰的行為是否會導致孩子下肢受壓或變形，因此，我告誡自己不能再用這樣體罰的方式了，需要尋找另一個更有效的管教方式。

　　可是，能用什麼方法管教這兩精力旺盛的調皮鬼呢？我想起自己六七十年代在香港讀書時的經歷，老師要懲戒在課堂不守規矩的學生，通常讓學生當著全班的面，用雙手的大拇指和食指拎著自己的耳朵站立半個小時。目的是要讓學生當眾感到羞辱和反省自己的行為。

　　我決心如法炮製，兒子不聽話時，我就命令他們乖乖靠牆，用手拎著耳朵站三分鐘，在我平復心情之後我便好好地向他們解析為什麼不滿意他們的行為。

沒想到這招非常管用！

"羞辱" 法可能並不是完美，但是 "拎耳朵" 的方法至少能讓孩子先稍停幾分鐘，也給了父母一段 "緩衝期" 平息自己的怒火。

第二次事件發生在 1990 年，尚文剛滿 10 歲

尚文從 6 歲起，每星期都有上一節網球個人培訓班，他有 "球感"，手腳協調性很強，很多旁觀者都說他有運動細胞，因此我們有意悉心栽培他，希望他成為一個出色的網球手。在 4 月份我為他報名參加了多倫市 12 歲以下的兒童網球錦標賽，這是他第一次參加公開錦標賽。我對他滿懷信心，希望他在第一輪比賽勝出，但是他卻在第一輪就慘遭淘汰。

我目瞪口呆，又氣又急，感覺自己讓尚文參加的網球課全都打水漂。在回家的路上，我訓斥了他足足有 20 分鐘，說都是些彈劾的說話。進入家們的一刻，尚文反過來抬頭望著我，對我說："媽媽，別罵了！"。我默然，看著他臉上掛著受傷的表情，"是啊、、我怎麼沒有考慮他的感受呢？輸掉比賽，尚文不但要承受自己的失敗，還要面對父母對他的失望和訓斥，何等難堪？此刻，作為母親，我應該和他在一起，而不是提醒他的無能。"

這件事讓我真正意識到，不能在孩子失敗後訓斥孩子，這樣做只是在傷害尚文的專注和自信，應該讓他與教練處理失落的情緒，和找出失敗的原因。父母嚴厲呵斥孩子的錯失或失敗對他們心靈的傷害是無法估計，引發的後遺症是孩子將會缺乏勇氣去面對自身的錯失或失敗，養成選擇逃避，找藉口去掩飾自己的虛怯，人前人後表現妄自尊大，實際上對自己的能力枉自菲

薄，感覺事事不如人。

　　　　冷靜下來後，我也反思自己為什麼會情緒失控，發現是因為我代入了尚文的角色，把他的失敗當作自己的失敗，把他的成功當作自己的成功。經歷過這件事之後，我開始明白，在孩子學習的過程中，無論是學業或體育運動父母應該逐漸學會放手，父母的角色是安排孩子日常生活的紀律，指導的工作則應留給老師和活動教練，同時家長也要適時調整自己對子女的不切實際的期望，不要過分關注孩子在考試或比賽成績。

　　　　自此以後，我態度從容了很多，對錯失更加寬容，孩子作業中有錯誤或是考試成績不理想，不如過去那麼激動，在學習過程中也會讓老師作主導，不擅自作主張。在他們取得好成績的時候我會給予他們獎賞和讚揚。

　　　　我很慶幸自己在孩子未到青少年期就轉變了教養的方式，避免再傷害尚與潤文的身體和心靈。變得更加寬容平和，給他們很大的發揮空間，穩固了他們的自尊心。自此我們與兩個孩子建立了互信，保持良好的溝通，因此在他們求學期我們的關係像朋友一樣，沒有很多的摩擦和爭議。

5 ｜ 正面與負面的育兒方式

　　　　育兒有正，負兩種方式。為了讓孩子快樂的成長，我建議父母採用正面的育兒方式。在孩子年幼的時候，每一位家長儘早建立好個人模式的親子行為和教養的方式，持之以恆為孩子建立情商的安全港。

正面育兒方式

以下是我個人經驗的累積所得出的正面育兒方式：

1. 每天都觸摸孩子的臉、手或脖子，告訴孩子您多愛他。

2. 鼓勵孩子表達自己的意見和說出自己的感受

3. 嚴格執行每天的生活紀律

4. 培養孩子自律能力

5. 使用合理的管教和懲罰方式

6. 讓孩子明白 " 書中自有黃金屋 "

7. 讓孩子知道父母對他的實際的期望

8. 肯定孩子的努力，給予口頭或物質獎勵，鼓勵孩子做出積極行為

9. 挖掘孩子的喜好和興趣，提供相應的培訓課程

10. 給予孩子隱私權和自己的小天地

正面育兒方式的優點

1. 孩子生活有紀律，能培養孩子的自律性，建立做事的指南針

2. 父母時刻觸摸孩子和聆聽孩子們內心的感受，讓他們知道被關愛和被尊重，孩子的自尊心和抵抗逆境的能力自然會增強

3. 父母經常肯定孩子的努力，孩子便有勇氣去追求自己的夢想，在過程中他們能保持心境平和，不會隨意放棄既定的目標

負面的育兒方式

負面的育兒方式對孩子的傷害是無邊無際的深層次傷害。少年時情感長期受到傷害或壓抑，埋伏了父母與子女將來不和與互不信任的導火線，孩子長大後的後遺症是缺乏自尊和自愛。父母一生都無法彌補這些傷害，會影響孩子的一生，影響他的人際關係、事業發展和婚姻的關係。

1. 在多子女的家庭，父母應該避免偏愛某一個孩子或是重男輕女

2. 避免過分溺愛放縱子女或對孩子千依百順

3. 沒有培養孩子對人對事的責任感

4. 以物質補償缺失的親子時間，沒有傾聽孩子的實際需求

5. 過分操控子女的思維和行為，不讓孩子有自主權或個人意見

6. 大量體罰或喝罵，或是完全放手不管

7. 反復批評孩子的缺點和提及他們失敗的經歷

8. 貶低孩子的智商或能力，從不給予讚賞或獎勵

負面的育兒方式對孩子的傷害：

1. 父母過分溺愛孩子和事事遷就，孩子將來面對挫折時會經不起風浪

2. 父母事事苛求孩子完美，會培養說謊和逃避現實的孩子

3. 過分操控孩子的思維和行為，孩子會缺乏獨立思考和自信

4. 無理由的喝罵，體罰和貶低孩子的外貌和能力，會傷害孩子的自尊

在成長過程中，父母就是孩子的後勤補給部，為他們提供食物、彈藥、指導和鼓勵。作為父母，我們應該給予孩子一份安全感，一份自尊。讓孩子接受自己，愛自己，遇到生活中的高低起伏和未知的元素不會畏縮，依然依靠自己的信念而活。

人生的新篇章已經打開了。尚文，潤文將要開始自己的人生之旅了。

活躍的童年

愛活動的青少年期

愛開玩笑的青年

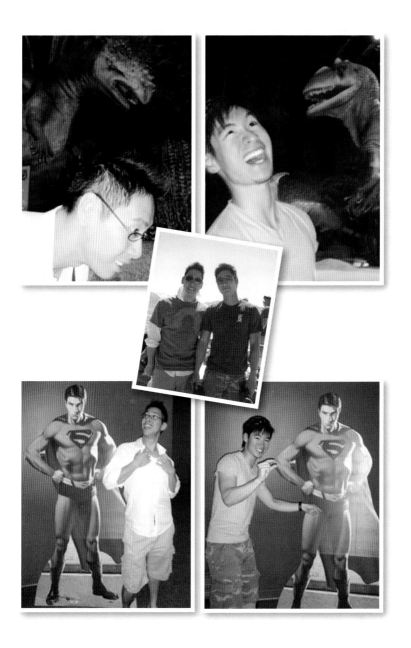

獨立的成年期

第四章

贏在起跑線的基石

基石的寓意是像一棟大樓的地基，地基越牢固，無論外來多強的風雨，也可以抵禦，屹立不倒。孩子贏在起跑線也需要堅牢的基石支撐，一個心靈可以觸摸的框架，來穩定他的意志，使他不會迷茫和迷失方向。

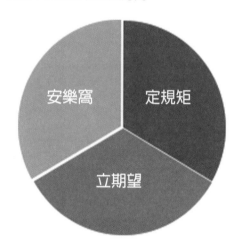

贏在起跑線的三項基石：安樂窩，定規矩，立期望

1 │ 安樂窩

擁有一個安樂窩是每人快樂的泉源；父母需要為自己，為孩子建立一個安樂窩。美國哈佛大學用了 75 年的時間完成了一項研究 —"個人幸福感的來源"。他們跟蹤了 700 人，從他們少年開始直至老年，當中有當藍領，白領，專業人士，大富豪，甚至其中一位是美國總統甘迺迪 (President John Kennedy)，在 2016 年 5 月份發表了結論 "個人的幸福感是來自於擁有一個安樂窩，而孩子成長的安樂窩是需要父母悉心為他營造出來。"

安樂窩 (1)：和諧的家庭

　　家庭和諧是一個孩子快樂的泉源，在一個和睦的家庭裡，孩子有平靜的成長環境，可以安心學習新知識、迎接成長路上的挑戰。通過我養育孩子的經驗和對朋輩家庭的觀察，家庭和諧主要取決於三個關鍵因素：穩定的家庭收入、良好的夫妻關係、融洽的親友關係。三個環節緊密相連，共同影響孩子對自己的認知和對社會的認同。

1. 穩定的家庭收入

　　家庭收入狀況包括每月薪水和投資收益。收入穩定會給孩子安全感 —— 因為家庭經濟狀況較好，收入穩定，父母能夠為小孩提供與同齡人相等的物質條件，孩子對自己更有信心，認為自己和別人平起平坐，對於自身的前途也會持樂觀的態度，積極增取往上流的機會。

　　收入不穩定的家庭讓孩子平添許多憂慮 —— 他們內心通常充滿矛盾和不安，因為他們目睹父母日日為生計勞碌，尤甚者因為收入不穩，工作環境惡劣，工時長而爭吵，父母對人對社會的消極態度在無意識下傳染了給孩子，影響他的思維。使他對自己的前途患得患失，認為社會不會給他上流的機會，不能擁有更好的生活。這樣的孩子容易自卑，一遇上困難便很容易喪失鬥志，自曝自棄。

　　中國有句老話 " 窮人的孩子早當家 "，這句話在很多情況下是褒義的，說的是窮人家的孩子能夠更快獨立生活。但如果家庭財務狀況不佳，就是說孩子因為家境貧窮，負擔不起學費，需要提早絕學投身社會做事。很幸運的是，崇義都是在上市的大公司任職，每月有穩定的工資收入。無論是在加拿大或是香港，我們都過著中產的生活，擁有自己的房子和汽車，因此尚文和潤文童年時代，家庭經濟一直比較穩定，沒有經歷過大起大落。

但是加拿大是北美稅率最高的國家，扣除工資收入所得稅、醫療保險和養老保險後，只剩下百分之 40 來支付家庭的開支。因此我們在加拿大的時候生活很節儉。回到香港後，收入雖然寬裕很多，但是也依然維持了原來節儉的生活，因為我們意識到要開始為尚文和潤文儲蓄上大學的費用。

2. 良好的夫妻關係

作為父母，維護夫妻之間的感情就是等於家庭的幸福守門神，為孩子提供一個溫暖的家。美國教育學家鄧肯博士說"家庭結構會對孩子產生巨大影響：活在雙親家庭的孩子比活在單親家庭走出貧困的機率要大 3 倍"。良好的夫妻關係是孩子情感健全發育的基礎，在孩子腦中一個完整的家是有父親和母親的存在，孩子不希望經歷家庭破裂的痛苦。即使父母好聚好散，悉當地照顧孩子，孩子在今後的人生中始終希望能填補失去父親或母親的空缺，對日後的戀愛、婚姻都會有恐懼感，持悲觀的態度。

我和崇義有著第一代移民的思維，尤其是有了孩子之後，改變了我與崇義的關係；我們只是孩子的父母而不是個體，認為犧牲自己沒關係，總要投入百分之百的時間到尚文，潤文身上就好，希望他們將來能夠融入主流社會，在加拿大立足。因此所有家庭活動都是以孩子活動放在第一位，比如在週六早上全家人送尚文去參加網球課，送潤文去上游泳課，之後全家一起吃飯，千篇一律的生活，讓我們兩人變得麻木，雙方未有好好守護著婚姻的關係。

每次兩人外出把孩子交給鐘點保姆老是不放心而且感覺很愧疚，屬於我們夫妻二人的時間很少。十五年間，我們的對話總是圍繞著尚文和潤文，忽略了培養我們夫妻間的感情，有一段頗長的時間，我和崇義單獨相處的時候，發現彼此無言而對，就像兩個陌生人生活在同一屋簷下的。在柴米油鹽的生活中，我們的感情和婚姻無聲無息地漂走，差點到了離婚的邊緣。

現在回想，為了孩子的幸福，也為了保著我們的安樂窩，夫妻倆不應該因為養育孩子，忽略了培養夫妻間的感情、否定自己的社交需求。2014 年 2 月 10 日香港天主教婚姻諮詢委員會報導說："建立穩定的夫妻關係的具體方法包括培養共同的愛好、對彼此的欣賞、在衝突中保持理智以及開誠佈公地表達自己的感受"。

3. 親朋好友大家庭

美國普林斯頓大學的萊恩·考茨教授有一句話"人是群居動物"，人的一生離不開群體，對於個人來說，幸福感的來源之一就是多與親朋好友互相往來，談天說地，擴闊自己的生活社交圈。在融洽親朋好友的環境中長大的孩子，生活自然更為豐富多彩，他們更容易融入社群的生活，產生身份的認同和增加對社會的歸屬感。

我和崇義在多倫多沒有近親屬，朋友大多是大學同學和工作的同事。每隔兩個月或是到了節假日，我們會在週六晚上輪流辦一次好友家庭聚會，邀請朋友來家吃晚飯。比如是我們的當值日，我跟崇義準備主菜，其他客人則帶來甜點和紅酒。聚會氛圍很隨意，因為大家的文化水準和背景相近，彼此又很熟悉，所以無話不談。孩子也過著一個輕鬆的晚上，孩子與友好無拘無束地自由活動：看電影、玩遊戲，或在家瘋跑。

能夠與友好共度歡樂的時光，是人生一大享受，尤其是在加拿大，讓我們在異國他鄉有了一份歸屬感。大家彼此關心大家，更好好地建設我們的大家庭。

　　　　總括來說孩子的安全感來自於：家庭穩定的收入，父母良好的夫妻關係以及和親朋好友的融洽的大家庭，編織在一塊的時候，就成了孩子內心的快樂的磐石，情商的安全港。

2 ｜ 定規矩

　　　　生活的規矩能讓孩子明白父母對他的要求，培養他們的責任感，也幫助他長大後適應群體生活，遵守社會上的法律和生活的限制。因此我們在孩子年幼時就需要為孩子訂立每天生活的程式，讓他們意識到在某些時段做某些活動。當他們習慣生活的程式，他們就會自覺地節約自己，厘行時間表的安排。當孩子到了青少年期，反叛的行為和與父母對抗的行為也會相對減小，因為已被無形的規矩約束著他們的行為。

定規矩 (1)：先玩耍後學習

　　　　玩耍是孩子探索世間的新事物，學習自處和與別人相處的時刻。我尤其是喜歡讓孩子在戶外無拘無束的奔跑，享受大自然四季不同的景色，親身探索自然和昆蟲的奧秘，認識新朋友。我認為這些戶外活動讓他們身體強壯和心境舒暢，比擁有滿屋子的玩具，電子遊戲，和遊戲機盒更寶貴。

　　　　公園就像是我們的第二個家。從尚文和潤文 3 個月大的時候，冬天夏天如是，每天早飯後和午睡之後，我會帶他們去家附近的公園玩耍，給予他們充分自主權 — 玩他們喜歡的遊戲，喜歡的活動。甚至一些比較噁心的活動，比如在泥土中把玩蚯蚓，我也不會禁止。

在夏天尚文和潤文喜歡在沙箱裡玩沙堆，在淺水泳池戰水，有時像猴子一樣倒掛在遊樂場的橫欄上，騎車和踢球。12月已經步入寒冬，公園裡白雪紛飛，雪堆起來有一二尺高。尚文和潤文就在公園用雪堆成雪人，城堡和河流通道。有時也會和鄰居的孩子一起玩 " 大戰星球人 " 遊戲，你追我逐，玩得不亦樂乎。為了他們的安全，我只是在附近視察他們。

我定了一個常規，從小學至高中，尚文和潤文從學校或課外活動班回家後，我不要求他們馬上複習或完成作業。我認為，在學校學習了一天之後，孩子回家後需要有一個過渡期，做自己喜歡做的事，讓緊張的身軀鬆弛，情緒穩定下來，才開始複習和完成作業。

經過一個多小時的自由活動，吃飯時我要求他們把電視和電腦關掉，讓他們心境恢復平靜，避免吃飯時一心多用。尚文和潤文寫作業和複習從不拖延，這樣的常規 —— 先玩耍後做家課很見效。

體力活動對孩子的好處

芬蘭的教育和文化部長 Sanni Grahn-Laasonem 建議芬蘭的學校，每天提供三小時的體力活動和課堂的動態學習。當孩子們一起玩耍或做體力活動，他們會變得愉快和學習與人相處之道，同時也提升他們的學習能力，培養他們的社交能力。

來源：英國廣播公司的新聞報導
2016 年 9 月 9 日

定規矩 (2)：睡前慣例

人需要睡眠讓身體恢復和儲蓄體力去應付明天的需求。所以我與崇義一早為孩子定下睡前的慣例，讓他們放鬆身心，減少負面的情緒和疲憊，安然入睡。第二天孩子醒來的時候，就會精力充沛，積極參與學校的活動和專注聆聽老師在課堂的講課，讓他們做作業時，會不費吹灰之力。我與崇義約定在他們臨睡前，絕對不會提及三個話題：家庭作業、學校考試和叛逆行為。

閱讀故事書和講故事成為孩子睡前的慣例，從尚文牙牙學語的時候開始，每天崇義會進行讀故事書的習慣，原意是引起孩子對閱讀的興趣，豐富他們的幻想力和批判能力。後來更加插了我創新的遊戲 " 魔術襪子 "

每天晚上定時 8 點洗澡，尚文和潤文把小玩具放到浴缸裡，洗上 20 分鐘的澡。然後換上睡衣，跳上潤文的床，等著爸爸給他們講故事。崇義坐在床邊，把潤文抱到大腿上，尚文挨著他坐著，開始讀一節的故事書。故事都是一些他們偏愛的古今歷險故事，例如是亞瑟王和騎士 (King Arthur and its knights)，超人的生命歷程 (Death and Life of Superman)，星球大戰 (Star War) 等故事；當完成一本故事書後，崇義自己會編一些歷險記，把孩子編入故事當中成為主角，讓兩個孩子為故事續上情節與結尾。故事講完了，崇義會輕輕吻他們倆的面和給他們一個擁抱，才離開房間。

跟著是我開始 " 魔術襪子 " 的遊戲。首先把孩子的襪子卷成小球，我像一個魔術師一樣，將襪子在手中扔來扔去，忽高忽低，然後突然迅速把襪子藏在他們毯子下面。由於房間內燈光暗，好幾秒之後他們才能意識到襪子不見了，兩個孩子就開始四處尋找消失的襪子，孩子們玩得不亦樂乎，我也樂在其中。

孩子睡前慣例達到一箭雙雕的目的，培養孩子閱讀故事的興趣，引發他們的幻想力。同時讓孩子感受到父母不是時刻都是板著臉提出要求，或不滿他們在家的行為或在校的表現。我們是他們的玩伴，把親子的關係拉近。

定規矩 (3)：家課的常規

　　　　家課作業給孩子機會培養他的獨立思考，獨立解題和獨立完成任務，過程中也穩固孩子的自覺性和責任感。香港成年人及持續教育協會會長 - 李瑞美女士在 2016 年 4 月 15 日發表報告："在學習方面，課堂上老師教授了知識後，學生回家後反複練習，透過做家課，才能融匯貫通，從而得到透徹的理解。做家課不但令學生更確實地瞭解課堂教授的知識，也學會有效地管理時間"。

　　　　當孩子由於懶惰或由於不理解課文內容，做作業時都會遇上問題，經常無法獨立完成功課或錯漏百出。如果長久積聚了這些挫敗情緒，孩子會變得自卑，漸漸覺得他已經落後於他的同學，對自己的學習能力失去信心。

　　　　在學習的時候需要讓孩子發揮主動性 —— 不論是在課堂還是在寫作業的時候，我認為，父母不應插手指導他們，指出錯誤，強求修正。所以尚文，潤文做家課時候，我不會待在他們身旁或指導他們，但是我要求他們在晚上 8 時半完成所有作業，收拾書包，把書包放在大門旁。

　　　　我的做法是讓孩子明白做作業是他們的責任，和承擔作業上的錯漏。

　　　　在孩子們入睡後，我會查閱他們的作業，回顧老師在上次作業所給的批改和評語，和瞭解各科學習的內容。如果發現當天作業沒做完、有錯漏，我不會提醒他們，會留給他們老師批改作業上的錯漏。這樣做，就避免了我們與孩子不必要的摩擦和分歧。

從兩個方面，最快察覺孩子的學習出現問題：第一，作業上出現諸多錯漏；第二，孩子經常遲交作業，欠交作業，抄集同學作業等行為。家長應該重視日常的作業，尤其是孩子某一科目比較薄弱，或是有自律性的問題。父母早一點發現孩子學習問題，早一點可以著手尋找補救的方法，而不是等到期中考試成績單發下來才開始著急，錯失了補救的黃金時機。

孩子作業時最好不打擾不插手，能夠讓孩子建立學習自主性。

定規矩 (4)：無理藉口

倘若尚文、潤文的作業持續分數低，錯漏很多，或是考試成績欠佳，我會詢問他們原因。如果他們跟我說「老師的課講得太沈悶或無趣了」或「老師沒有給足時間準備考試」，我不會接受這些「無理」藉口。我告訴他們，應該把原因歸結到自己身上，找出原因，並儘快糾正這些問題。

定規矩 (5)：課後輔導

從小學到高中，我從未給尚文和潤文聘用私人輔導老師或上課外輔導班，因為我不想他們喪失學習的自律性，喪失他們對學習的責任感。我相信學校的老師是最資深，擅長教學，是指導孩子的最佳人選，課外輔導佔用了孩子寶貴的娛樂和休息時間。同時輔導的費用也不菲，加上正規學校的學費，對於我們來說是沉重的經濟負擔。

目睹很多家長發現孩子做家課時有困難，二話不說就將教育"外包"給補習機構為孩子進行家課輔導，依賴輔導老師再講解課文和幫助做家課，因為有了輔導，很多孩子在課堂聽老師講解時會變得不專心。長期的依賴使孩子對學習失去自信心和完成作業的積極性。最大的害處是孩子會為自己築起了一道無形的心理障礙 — 在任何環境下，都需要有人在旁指導或扶持我，沒有他人就不能行事。

3 立期望

　　父母對孩子的期望是建立孩子對自己未來的前路的指南針。一般家長都對子女有著不同的期望，大多數都願望子女可以從事白領的職業，不是藍領勞動的工作。美國勞工部在 2015 年公佈了全國勞動者的收入與學歷的統計資料，主要是對比擁有高低學位畢業生的每週平均收入和每年失業率的比較。本科畢業生的平均週薪收入是 1137 美元，失業率是 2.8% 而中學畢業生的平均週薪收入是 678 美元，失業率是 5.4%。事實證明往上流最佳的入門券是孩子完成大學課程，儲蓄孩子基本的學習技能。

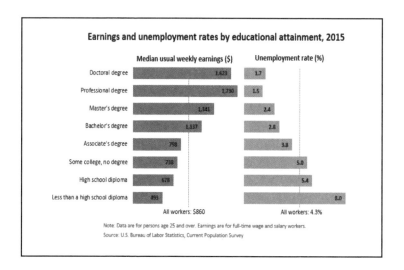

> ## 2015 年美國全國勞動人口，按照學歷的高低對比工資金額和失業率
>
> 藍色柱：代表收入，數字代表每週的收入；綠色柱：代表失業率，數字代表失業率的百分比。
>
> 左邊的文字是描述個人的學歷：從上到下 「博士」，「專科學位」，「碩士」，「學士」，「社區大學學位」，「曾經選修大學未畢業」，「中學」，「至未完成中學」。
>
> 來源：美國勞工部門的 2015 年勞工收入統計報告

如果父母對孩子未有清晰的期望，孩子對自己的目標就容易變得模糊，遇上困難便不會堅持自己的目標和理想。孩子年小時很難意識怎樣為自己的職業做選擇，明白怎樣拿到往上流的入門券，因此我用了活生生的例子向尚文，潤文來說教。

立期望 (1)：抓住教育時機 — 垃圾車的故事

很多父母都是經常對孩子說 "美好的前途是掌握在他們的手中，少年時需要努力學習，發奮向上"，對於一個孩子來說，銘記著這些哲理是難乎其難的一件事，因為小小年紀很難意識到十多年後的他會是什麼模樣，或將會發生的事情。父母說教太多，孩子會感到煩厭。怎樣使孩子明白箇中的道理呢？

當下的孩子很小機會親眼看到父母的辛勞，尤其是白領階級的父母，每天他們都穿著光鮮的衣服上班下班，很難察覺父母為了家的溫飽每天付出的辛勤的代價。大部分孩子對家庭的收入財富來源很模糊，小孩子尤甚，從小看到父母按一下銀行取款機，錢就會源源不斷地吐出來或在購物時，拿出一張信用卡或手機，啪一下商戶的感應器便可以購物。所以身為父母必須灌輸給孩子正確的金錢價值觀念，世界上未有免費的午餐，錢不是從天上掉下來的，而是要通過辛勞的工作換取回來的。

現今，最有保證孩子能實現他們的夢想，想要過上富足的生活，實現向上流動，最穩妥的入門途徑就是勤奮讀書，上大學，裝備自己的學識。美國費城的皮尤教育研究中心，杜康教授說，"現在社會能夠向上流的關鍵因素就是完成高等教育，研究發現大學畢業生比一般中學生走出社會底層的概率要高五倍，不會困在一些沒有前途或乏味的職位上無法脫身。"奉勸父母們應儘早灌輸給孩子接受高等教育的重要性，拿到大學學位須然不等同他們會成為大富豪，起碼拿到向上流的入門券。

為了使尚文和潤文明白上大學是與他們未來職業的選擇是掛鉤的，我就用了一個活生生的例子。平常早上我開車送兩個孩子去學校，路程大概需要十五分鐘左右，我就抓住這黃金機會說教。

在 80 年代，每逢週一，三，五早晨，大約 8 點 15 分，都會有垃圾車開到我們街道，去各家各戶收垃圾。我們家在街道中間位置，因為街道左右兩旁都停放著車輛，垃圾車只能停在街的中間，堵住了整條路，擋住了所有車的去路。很多時候，我們只能跟在垃圾車後面，開開停停差不多五分鐘的時間，街道才會通暢。

坐在車箱裡，兩個孩子親眼見證了垃圾清理工的繁重工作。從各家門口拾起大型的垃圾桶，倒入車內，再把空桶放回原位。清理垃圾的工作是屬於體力勞動的工作，工作性質沒有變化。日復一日，他們需要承受日曬雨淋，狂風刺骨的工作環境；盛夏時，垃圾散發出陣陣惡臭，清理工們必須忍者氣味工作；寒冬時節又必須在嗖嗖冷風和冰天的雪地中工作。

跟在垃圾車後面，我常常讓尚文、潤文開始展開想像，問些假設的問題，"假如你們是垃圾清理工，你們會喜歡這樣的工作嗎？"。他們都異口同聲回復："不喜歡"。我就順勢提醒他們，如果少年時不發奮念書，不上大學，將來的職業領域未有太多選擇，只會是限制遊走在勞動階層，做一些體力勞動和乏味的工作，比如垃圾清理工。

垃圾清理的場景生動地銘刻在他們腦海裡，感染力勝過千言萬語，兩孩子明白"少壯不努力，老大徒悲傷"的現實。

立期望 (2)：保持渴望

蘋果創始人史提芬‧約伯斯 (SteveJobs) 的成功座右銘是"心中保持渴望"，驅使他去追求理想，屢敗屢戰，永不言棄，成功研發了世界首部智慧手機。每人的渴望是會除著年齡，經歷而改變。世俗人的渴望通常都是離不開愛情，物質、成就、社會地位、揚名立萬等等。人有了渴望就會鞭策自己，努力不懈地去爭取，達成自己的渴望。

培養孩子的渴望必須在嬰兒 2，3 歲開始，父母需要克制自己不要提供給孩子、超出常態的物質，過度的舒適生活條件和奢華享受，儘量不要在孩子未提出要求前，便滿足孩子想擁有的東西，這樣的孩子便會知道他想要什麼，有渴望的動力，努力去爭取。

我們搬回香港之後，經濟條件比在加拿大好很多。但是我依然嚴格控制尚文和潤文的物質生活，控制他們的零花錢，讓他們知道金錢來之不易。因為我不想讓他們小小年紀就擁有各種名貴的物質和享受，不知道自己"渴望"什麼，不懂得需要憑著自己的努力去達成渴望。

他們上的國際學校是一所中上產階層子弟的學校，大部分的學生來自于富有的家庭，他們出入是有名牌汽車代步，進出高級的餐廳，穿上名牌衣服和手錶上學，擁有最新的手機，和充裕的零花錢。但是我依舊仿效加拿大的生活，讓他們乘坐校車上學，帶家中製造的三明治當午餐；他們每週的零花錢只夠在學校買飲料，出外他們坐公交和地鐵，週六偶爾與同學看一場電影，到商場打遊戲。

我記得尚文高中一的時候，我給他買了一部手機，因為我知道他在上課和做家課的時候能克制用手機的時間。但是潤文在上初中一時，已經要求一部手機，因為他的同學都有手機了。但我沒有答應，我覺得他現在還暫時用不到。後來他的一個家庭富有的同學實在為他過意不去，從他抽屜中給了他一部最新款的舊手機。

在這樣環境長大，尚文和潤文都擁有 " 渴望 "，渴望自己事業成功，渴望自己成為領袖，他們知道沒有富爸爸，他們要靠自己的去爭取。

我與崇義只是願意把積蓄用來讓尚文、潤文參加體育課，夏令營和美國學校舉辦的暑期班。我發現花在這方面的錢很值得，不但擴大他們的視野，同時學會了自己保護自己，獨立生活及與來自不同文化背景的孩子們交朋友。現在尚文、潤文在工作上能身處任何環境，都能與同事融洽相處。

第五章

「學霸」的關鍵密碼

　　自理能力、自律能力，勇氣面對失敗是學霸的關鍵武器，缺一不可。面對逆境時，學霸會從心底內拿出他的武器，去迎戰生活的起伏和不安的情緒。

　　從來滿足感都是來自於實踐，末有經過時間的付出和奮鬥，靠運氣或別人賦予的成功，成就感都是虛渺的。因此，不要小看這三項能力對孩子一生所發揮的作用。

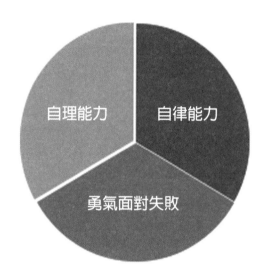

學霸的關鍵密碼：自理能力、自律能力，勇氣面對失敗

1 ｜ 自理能力

　　從培養自理能力，孩子學會獨立，事事無需旁人監管。父母在適當時間，應當放手讓孩子學習自理，學習生活的技能。自理能力越強的孩子，他們對自己學習新知識與事物的信心會增加；有了自信，孩子就會很樂意聆聽家長老師的教導，不怕接受挑戰與困難。最終使孩子有更多自主空間，令到他的生活變得更精彩和有趣。

從嬰幼兒時期，很多父母或保姆包辦事無大小的起居飲食的事情，為他們收拾書包，洗澡，穿衣鞋襪等，這樣做的好處是在短期節省了很多清潔，收拾的時間，且不會弄亂生活的節奏。比如孩子可能經常打翻牛奶瓶，把盤子裡的食物撒得滿地都是，弄濕了衣服和地板。但是，如果長期地為孩子包辦一切，飯來張口，衣來伸手。後遺症是孩子養成習慣依賴他人為他完成任務，他們變成懶惰，欠缺了自理的主動性。

什麼時間是最適合培養孩子的自理能力呢？又怎樣培養孩子的自理能力呢？

我認為應該在嬰兒的手腳開始協調的時候開始，給他一些簡單的任務學習自理，讓他們模仿和經歷無數次的嘗試，獨立完成任務。例如父母讓嬰兒用雙手拿著奶瓶，用手把食物向口裡送，用匙子舀取食物。在孩子學習自理的過程中，父母需要克制自己，不要著急包辦一切。美國著名作家亞義伯特‧哈伯德 (Elbert Hurbert) 的名言："當父母為孩子做太事多，孩子就不會為自己做太多"。

孩子學習自理的過程是一個漫長的過程，從 3 個月至幾年不等，同時也考驗父母的決心和耐性。在孩子不同年齡段中，我們需要重複教導尚文和潤文各種自理能力，放手讓他們嘗試和容許他們屢試屢敗，直到他們成功為止。美國 Extension.org 教育網站的教育專家 -- 馬度談到孩子教育時有這麼一段話 "年幼孩子學會食飯穿衣這些基本的行為時，他們的生活技能會增強，活動範圍也隨之擴大，對探索新事物的能力產生信心，為自己的獨立性而感到驕傲。"

　　　　從潤文孩童時期尿床的經驗，讓我明白到身為家長想讓孩子成功學會自理的秘笈，就是耐心地等待孩子成功獨立完成任務或修復自己的問題。在學習的過程當中，若孩子沒做好任務或無法完成的時候就不應該肆意指責他們。潤文因為濕疹和哮喘，影響他睡眠的質量，經常有尿床的問題。如果晚上尿床，他就走到我房間，輕輕推我一下，因為他的床墊、床單和睡衣都沾濕了，需要花上 15 分鐘更換床單和睡衣，我從沒因為這個呵斥或批評他。沒有因為他尿床的麻煩氣急敗壞地羞辱他。而是順其自然，讓他自己逐漸控制尿床的問題。10 歲的時候，尿床慢慢得到了控制。

　　　　當然，現在想起來有幾件事我犯上錯誤，為了貪圖方便，節省時間，為此付出了浪費時間的代價，和孩子改不掉的壞習慣。首先是我從來不讓孩子自行進食，堅持喂他們吃飯因為我不想他們弄髒的地板和他們的衣服。每次餵飯時間總要花上一個多小時，孩子會一邊玩等待我把飯送到他口裡，直到他們倆到 3 歲時我才停止。其他兩件事也讓他們倆養成壞習慣，影響到他們日後的生活，關於尚文的，每次完廁之後，我急不及待替他按下沖馬桶的按鈕。而潤文打開牙膏、洗髮水和潤膚露的蓋子之後，也都是我為他蓋上蓋子。養成這些陋習之後就改不掉。

　　　　我希望家長們不要犯我的錯誤，要相信孩子的本能，讓孩子嘗試，直到孩子掌握竅門，養成習慣。我建議父母應儘早培養孩子的自理能力，使他在青少年之前學會自理，不求人。

2 ｜ 自律能力

　　自律性是一個人內心的指南針，無需外界督促，自己約速自己，要求自己，為自己的生活創做跌序，完成既定的目標。自律性不是與生俱有的，而是經過後天的培養。古代希臘哲學家，畢達哥斯拉說道："不能約速自己的人不能稱他為自由人"。在學習方面，自律性高的孩子通常都是成績優秀的學生，因為他會每天規範自己，驅使自己完成每天的家課作業，為考試做好事前準備，為自己學習爭取更大的自主權。

　　培養自律性的前奏是父母必須先賦予孩子內心的安全網，因為安全網是自律性的磐石。為孩子編織安全網需要 2 大成份：其一，締造一個安樂窩。父母的保護傘會為他遮風擋雨，為他提供穩定的生活物質，令孩子活得無憂無慮。其二，紀律性的生活。在這時刻，孩子體驗了父母為他定下的每天生活的安排，領悟到他的需求獲得父母接納和回應，與父母建立了互信，感受被愛和重視，孩子自然地樂於順從父母的安排。當孩子的內心變得踏實，隨之以來在內心之處築起一道安全網。

　　幾乎從孩子出生開始，我與崇義便訂立孩子每日的生活紀律 —— 起居，飲食，玩耍，作息的時間表，讓孩子感受到生活是井井有條，他的要求得到積極的回應。孩子們的生理時鐘漸漸地，適應並習慣了生活的安排，對恰當的紀律沒有太大的反抗，從而自覺地，在適當的時候完成自己該做的事情。

　　對於一般父母，培養孩子的自律性是一件知易難行的事情。我的經驗是孩子 3 至 4 歲前是培養自律性最關鍵的時刻，要成功執行每日的紀律時間表，家長每天必須花上大量的時間，耐心地教導孩子做事的方式和步驟，耐心地等孩子完成任務。父母本身的紀律性和耐心是成功關鍵的元素，很多父母急就章便會弄巧成拙。

教育家已證明凡是自律能力高的孩子的學業成績比一般高智商的孩子更優秀，因為他們懂得自我控制欲望，明白做事要專注，學會安排做事的先後次序。尤其是在這電子互聯網，手機時代，培養孩子的自律性是難上加難。因為手機和平板電腦已成為孩子的玩具和做功課的工具，一旦孩子對網上遊戲，社交通訊上癮，他的內心就很難安靜，忍受溫習的乏味。因此我們作為父母親一早就訂立看電視，電腦遊戲，回手機短信的時間表，父母也需要以身作則，嚴加遵守這規則。

培養自律性是從孩子年幼時開始，讓他養成習慣，自我平衡自己的情緒和行為。孩子越早養成自律性，家長在管教青春期的孩子就會變得輕鬆。

2016 年奧運的蝶泳金牌選手 史高寧

新加坡向來重視考試成績，教育部代部長（學校）黃志明表示，希望新加坡學子們都像 2016 年奧運的蝶泳金牌選手 史高寧（Joseph Scholing），那樣，勇敢地積極追求夢想，堅強毅力和刻苦耐勞。希望學生和家長受到啟發，有意識地多花時間去培養孩子領導能力、堅韌性格和良好自律，讓孩子接受真正的全人教育。

來源：香港星島日報 2016 年 8 月 16 日

3 | 勇氣面對失敗

在日常的生活和學習的過程中，父母需要鼓勵孩子勇於面對失敗，明白失敗不等同掉落一個無底的深井永遠不能翻身。讓孩子悟出失敗的原因，尋找補救的方法，不斷的嘗試，總有一天他們可以重新站起來。培養勇氣面對失敗可以從學習，玩耍，網路遊戲中培養，父母應該學會放手讓孩子不斷嘗試，讓他們獨自嘗試過程中的失敗感和成功感。父母切記在孩子失敗後，不要在他面前批評他和與他的同輩比較。這樣的孩子對失敗就不會有恐懼感，會從容去尋找補救的方法。

勇氣面對失敗 (1)：濕疹、扁頭疼，氣喘，口吃，車禍

潤文年幼的時候體弱多病，濕疹、扁頭疼，氣喘，對食物敏感，同時有口吃毛病和經歷車禍，他的童年比起尚文絕對是崎嶇，很多人都會被這些經歷拖垮，他沒有自憐反倒激勵了潤文努力學習，從小學、中學一直到大學，潤文都名列前茅，成功走出這些陰影，成為一個有朝氣和樂觀的年輕人。

1. 濕疹和車禍

從出生起，潤文就一直有濕疹，病情發作時，皮膚上的紅斑蔓延至全身，從臉、脖子、手、一直到腿。皮膚乾燥讓潤文感覺奇癢難忍，唯一能止癢的辦法就是不停地抓，看起來就像是猴子在撓自己的臉、身子和腿。因為這個，潤文的老師、同學，還有一些同學的家長都不願與他多接觸，在學校潤文備受冷落。

1996 年 9 月 10 日，潤文在日記裡寫道："因為我患

有濕疹，別人總是不能公正地對待我，在學校經常被人嘲笑。我雖然感到憤怒，但是也在克制。那些嘲弄我的人，只是害怕他們不瞭解的東西，不清楚我的病歷。"我知道，我沒辦法讓別人不再譏笑他，但是我開始鼓勵潤文用功讀書。我的想法是，如果潤文成為班裡成績最優秀的孩子，那麼老師就會因此表揚他，而不是因為疾病輕視他。因此我對潤文嚴格要求，要求他必須門門功課拿 A。而潤文記憶力超群，過目不忘，表現出色，年年交上了全 A 的成績單。

2. 車禍

　　　　1988 年秋天，潤文 7 歲，正是剛剛上二年級。有天是週六，他準備和朋友去公園，在路上被一輛車撞倒。我接到一位女士的電話告訴我兒子遭遇車禍，我大腦一片空白，趕忙去找潤文，趕到的時候，他躺在地上，右腳被一根骨頭貫穿。潤文一直在哭，不停對我說："對不起"。1996 年潤文寫道："當時我以為自己再也不能走路了。"

　　　　不幸中的萬幸，頭部和上半身沒有受傷，只有右下肢被撞傷。前往醫院後，醫生給我說明瞭情況，馬上進行了手術，手術長達 3 小時。在等待的時刻，我抱著尚文在懷裡，他自始至終沒有說一句話，崇義不安地在走廊走來走去。醫生建議潤文需要靜養兩個月，以便骨骼恢復。他經歷了兩次手術，將脛骨連接起來，又綁了 6 個月的石膏。這段時間我回到學校，把作業帶回家讓他醒過來時複習。

　　　　經過 4 個月在家休養，我決定把潤文送回學校，當時正直是冬天，他的腳還是綁了石膏。班上有一個同學肖恩 (Sean) 已經確診為腦瘤晚期，身體非常虛弱不能去操場活動，兩個孩子就待在教室。潤文在日記裡說："兩個月的時間裡，我坐在肖恩旁邊，看著他一點一點地再也不能說話，一個月之後，他死了。
這讓我想起自己，每次睡前我都在想是否我也會死去。"經歷了
這樣的煎熬和磨礪，潤文迅速成長，決心用功讀書。他如飢似渴
地閱讀，自己抽空翻閱《聖經》甚至通讀字典。"潤文英文水準
突飛猛進，遠在同齡人之上，數學成績在班裡也是數一數二。"
潤文對自己的能力信心十足，他說"如果我足夠用功，就能成為
哈佛畢業生。未來我想要掙足夠的錢，過上幸福的生活。"

　　　　塞翁失馬焉知非福，童年的磨煉使潤文成長，讓他從
小學到高中都是學校裡的佼佼者。

3. 口吃

　　　　潤文上小學三年級時口吃的問題越來越嚴重，班主任
告訴我，這個年紀的孩子很多都有這樣的問題，過了這段時間就
會好。但我依然不放心，自己在網上查資料，瞭解口吃的情況，
發現早期口吃可以通過醫學手段治療。

　　　　我馬上為他預約了專科醫生，希望能找到治療的方式
及早糾正潤文的口吃。檢測之後醫生說，潤文口吃是因為他的說
話速度跟不上他的思考，所以口吃是為了尋找合理的詞彙表達自
己的思想。醫生認為，認為有可能是因為濕疹而長期處於壓力之
中，才引發口吃。

　　　　醫生告訴我，沒有什麼藥物或方法能徹底治癒，唯一
的辦法就是家長在日常生活中不斷提醒孩子放慢說話語速。我和
崇義聽取了醫生的建議，經常提醒潤文，一年以後，口吃才得到
了控制。

　　　　很慶倖自己在早期就尋求了專業醫生的說明，避免口
吃成為常態，現在潤文說話很流利，和來自不同背景的男女老少

都能相談甚歡。潤文的特殊的經歷使他有很多時間獨處，讓他領悟到人際關係的竅門，說話的技巧。現在他受到老闆同事的愛戴。

正如老子所說：" 禍兮福所倚 "，壞事其實可以引出好的結果。

勇氣面對失敗 (2)：尼克 · 伯樂特亞網球夏令營

夏令營 " 山谷之王 " 的遊戲讓尚文明白到網球場的競技就是如學習上的競爭的縮形 : " 強中自有強中手，一山還有一山高 " 的道理，體驗輸贏和輸了球賽的感受，領略到同是一個過程；裝備了他永不言棄的精神，極強的競爭能力。

尚文運動幾乎是樣樣皆精，他鍾愛網球、滑雪和高爾夫。尚文 9 歲的時候，美國中國籍的網球運動員 —— 張德培 (Michael Chang) 打敗了捷克球手 — 欄度 (Lendhl) 成為法國網球公開賽冠軍。他給了我們希望，華人也能在網球界獲得一席之地，我們也對尚文存有這個夢想。尚文 10 歲的一年夏天，我們讓尚文參加了，為期兩周的網球夏令營 —— 美國弗洛裡達州 " 尼克 · 伯樂特亞 (Nick Bolletteria Tennis Camp)"。它是世界培養網球手冠軍的搖籃，世界各地的家長都送他們的子女到這裡培順，孩子們年齡在 6 至 16 歲不等。它採用的軍隊般的培育的方式，不但挑戰孩子的體限，同時挑戰孩子承受失敗的耐力，讓他們明白成功是非倖運，是要經過自身多年的磨練和起而不懈地奮鬥換取回來的。

美國弗洛裡達州七，八月的日均氣溫大概陪回在華氏 90 度以上，在室外就像火爐一樣，皮膚也給燙得紅紅的。它的活動就像是軍事訓練營一樣，從早上 8 時開始至下午 4 時結束。最後的一個小時是在室內的練身場，做身體各肌肉的力量的訓練，才結束一天的課程。

　　"尚文最喜歡的環節是"山谷之王"的遊戲，同一場有12 名選手，所有同齡孩子都是從其他組別調動，從來沒有交過手的。一對一挑戰，贏家晉級對戰下一級選手，同一級的球手又互相對打，最終的贏家被稱為"山谷之王"。尚文從未獲坐上"王者"寶座，在他的組別，他的球技還沒有達到揮灑自如的境界，也沒有比賽的經驗，體格未有歐美孩子般強壯。但是他還是玩得很起勁，努力嘗試，很享受這個比賽環節。通過這些練習，尚文學會了打球的最佳角度和測略，他發球的準確性和力度大大提高。

　　"山谷之王"的遊戲規則訓練了他很快適應與不熟悉的對手比賽，讓他不會臨場畏懼，在失敗面前氣餒，或在一次的勝利而自驕。球場上只是一場個人對壘，所以尚文學會不害怕寂寞，自己獨立思考策略和付諸實行的決心。

　　從網球的培育也培養了他堅定的意志，幫助他在面對成績滑坡時附上更專注，努力堅持到底的決心；在高中一年級時，他寫下這段話"因為缺乏自律，高中二學期開始的幾周我的成績倒退了，我花在網球和娛樂方面的時間比我在溫習多，沒有認真學習。但是經過 2 個多月的努力追補，我的成績又重回到了 B 和 A 的軌跡了。

　　網球的練習培養了尚文能很快收拾心情，把主意力集中在他的目標上。1994 年，尚文在自己的一篇文章裡寫到，"我每天在校打網球，運動讓我放鬆。當我情緒平穩的時候，讓我接受自己的失敗，檢討過失；我會以冷靜的思考，找出難題的答案，並且重新出發。"

第六章

學習的基因

　　　　從第二章第三節 " 紅臉與白臉 "，大家都知道我的崗位是家庭中的警員，從少年至青年時期我對他們倆的生活規管很嚴格，星期一至星期四下課後和星期天都不准有社交活動，必須把功課完成。同時我也就教導他們對金錢的價值觀，每月只是給他們小量的零用錢，足夠他們每週的簡單娛樂費用，平常都是坐地鐵，做公共巴士。我也很坦誠告訴他們家庭每月的收入和費用，也提醒他們，未有一個富爸爸可以依賴，前途需要自己打拼。

　　　　培養孩子是一個長期的過程，要從孩子年幼的時候就開始有計劃地執行。尚文、潤文能夠成功進入美國史丹福大學商學院，和我們的從少培養的目標和方式是分不開的。

　　　　孩子能夠在學習方面脫穎而出，他們需要具備以下七項的基因：1. 專注的聆聽能力，2. 說話的技巧，3. 閱讀的興趣，4. 毅力的培養，5. 賣掉 " 超級馬裡奧 " 遊戲，6. 課外活動，7. 成績滑落。

1　專注的聆聽能力

　　　　孩子開始學習時，他們需要掌控聆聽的能力。安靜的心靈令孩子專心聽，善於聽。在家、學校、運動場都可以培養孩子的聆聽能力。

　　　　很多家長沒有意識到自己就是教孩子聆聽的第一任老師。尚文、潤文還是嬰兒的時候，我和崇義與孩子說話時，通常有眼神的接觸，直接看著他與他對話，並放低我們的聲浪。按照他們的能力向他們發出一些簡單的指令，比如抓住瓶子，張開嘴，伸出手，然後輔助他完成任務。我們發現訓練幼兒聆聽能力，需要選澤一個孩子情緒寧靜的時間進行，耐心地不斷重複這些句子，待孩子領悟說話的內容。

　　學校同時也培養孩子聆聽的能力。尚文、潤文兄弟倆在托兒所和幼稚園的時候，老師會教導他們，在老師或同學說話時要保持耐心，細聽他們說話的內容。有一個環節叫＂示範與說故事＂(Show and Tell)，孩子們圍坐一圈，聽同伴談論自己的玩具，中途不許打斷。只有等同學，他們才允許問問題或發表自己的意見。而在另外一個環節＂聽故事＂(Storytelling)，老師讀故事書的時候，所有孩子都必須保持安靜，坐著不能亂動，不能發聲。

　　體育活動也能訓練聆聽的專注力。尚文常年參加體育活動。每一堂課，體育教練都會詳細講解每一動作的步驟，他都用心思考，仔細地細聽教練的指導，遵照步驟練習。導致尚文上課時很專注聽老師在課堂的講解，認真做筆記，有條不紊，因此期末考試複習的時候，不會慌亂，臨時熬夜。

　　尚文冷靜、有條理的做事方法有助於他在學業上取得成功，應用高級微積分、物理學和生物等課程中都表現優異，在託福英文試 (TOFEL)、大學本科入學試 (SAT) 和商科 MBA 入學試 (GMAT) 等公共考試中都拿到接近滿分的分數。

2 ｜ 說話的技巧

　　美國史丹福大學心理學家安費拉德的研究報告，指出＂家長與孩子單向的交流時用簡單詞彙或語句對話，不是培養孩子語言能力的最有效方式。建議與孩子一對一互動交流時，應用上成年人的措辭和說話方式，才能啟發孩子的思維能力，讓孩子學會邏輯性思考，啟發孩子表達內心的感受"。

　　我的經驗也證實了以上的論證，潤文因為哮喘和濕疹，經常缺課。我也必須經常在家照顧他，要麼就是上班的時候也帶著他。因為我和潤文經常是一對一獨處，一對一交流，我也與他無所不談，討論很多生活上的細節話題，我經常用同成年人的口語跟他對話。並且他說話的時候我就認真傾聽，不打斷他的思路。因此，潤文在說話方面充滿自信，小小的年紀他的思維和講話就像一個成年人。每次他學會一個新詞，他就會用在他的語言或寫作上。潤文流利表達的能力能夠更好幫助他整理思緒，用更有邏輯的方式去說服大眾。因此他的情商 EQ 很高，幫助他領悟怎樣去鼓舞團隊合作的精神，發揮領導的才能。

3 ｜ 閱讀的興趣

　　家長要讓孩子擁有融匯貫通的能力，使他能夠舉一反三，有深層的常理通識和批判思維，最有效率的陪養方式就是讓孩子廣泛閱讀。從閱讀書籍，通過不同作者的視角，孩子能夠看到更大的世界，瞭解人類的感情、思考模式、人類複雜關係，學習歷史汲取前人的經驗。"哈利，波特"的作家祖安‧羅琳在 2016 年哈佛大學的畢業典禮說："閱讀能增強人的幻想力，使到我們無需身歷其境，就能洞識很多事情的箇中道理"。

　　每天晚上，崇義為他們讀故事，久而久之，燃起了他們對於閱讀的興趣，我們每週六都光顧書店，讓孩子們自己挑書。

加拿大教育家派特裡西亞·科茲亞在 2014 年說，"熱愛閱讀的孩子通常在學校的成績是屬於優異、喜愛閱讀也是奠定個人事業成功的關鍵；這種愛好閱讀不可言傳，只能身教。從小，家長需鼓勵孩子多閱讀故事書。"

潤文比尚文更愛讀書，尤其喜歡科幻小說和中世紀歷史。他可以一天坐在那裡看書，直到把書讀完，有時實在沒有什麼書可讀，就順手拿起一本韋氏詞典看起來，因而擴大了他的詞彙量和豐富想像力，語文寫作和說話表達生動；在小學的時候，語文科的分數總是比其他孩子高。

所以，新父母應該努力鼓勵孩子閱讀，就像劍橋大學的研究發現 "每天孩子完成學校作業後，若花上一個小時閱讀課外書，對於孩子在校的成績，和將來的成長路有莫大裨益"。

4 | 毅力的培養

印度前總理甘地夫人曾經說道："機會不會送上門來，必須自己爭取。而爭取機會不是靠運氣，靠的就是個人的毅力和勇氣"。根據我的經驗，毅力是可以從小培養的。

拼圖遊戲 (puzzle) 可以說是培養毅力的實用小工具，我們發現拼圖遊戲，能培養孩子的分類能力，耐性和記憶力。尚文 9 個月大的時候我們就買了第一副拼圖遊戲回家，他很快完成了 8 個拼圖畫板，於是乎我們便買下更多拼圖畫板給他。當他 6 歲的時候，已經能單獨完成 "1000 個拼圖的畫板"。

尚文對於這種看起來很枯燥的遊戲樂此不疲，無需我們在旁他會很耐心地完成整幅拼圖。他可以坐上一、二個小時，就為了選找出合適的拼圖塊，如果沒有完成，他第二天、第三天 … 還會繼續，從不放棄。

　　　　拼圖幫助尚文學會分類、分析、不斷試錯，也培養了他的專注和毅力。

　　　　我們還發現了需要組裝的玩具、傢俱等等也是培養毅力的好幫手。崇義總是找兩個孩子和他一起組裝東西，通過大家一起閱讀說明書，按照圖片不斷試驗、反復試驗，找到正確的組裝方式，最終完成任務。

　　　　因此尚文和潤文在求學或做事的時候總是很專注、耐心，面對複雜問題時不退縮，而是很堅毅地尋求解決方法。

5　賣掉 " 超級馬裡奧 " 遊戲

　　　　尚文和潤文從小就對家庭開支情況心中有數，也不亂和同齡人攀比，克制地用自己的零花錢。尚文 10 歲的時候，我就告訴他們家庭的收入支出情況，什麼我們可以負擔得起，什麼我們不能負擔。我甚至告訴他們家庭的房屋的貸款金額，每月還款的利息，讓他們知道我們不能亂花錢在不必要的生活用品上，知道父母為什麼不會一下子把他們所有喜歡的東西買下來，滿足他們的欲望。

　　　　1990 年，任天堂一代和 Saga 是最流行的遊戲機機盒，很多孩子甚至成年人都喜歡玩 " 超級馬裡奧 " 的遊戲。任天堂很快又推出二代機盒，速度更快，畫質更清晰，但是第一代與第二代的遊戲是不相容的。當尚文，潤文提出更換新遊戲機機盒和遊戲，我告訴他們首先他們要賣掉舊的機盒和之前所有的遊戲光碟，我們才會補貼新舊機器的差額。

明白到有些班級同學們，對第一代幾盒和遊戲光碟仍然有很大的需求，他們倆人很快開始行動，列出機盒和遊戲光碟標價清單，第二天在校內派發，吸引了大批同學買家，很快就預購一空。想買的人就在貨品簽下名字，第二天付錢拿貨。

整個過程很順利，兄弟倆人在學校小休時上進行交易。尚文按著賣遊戲的訂單，按次序分派遊戲光碟給買家，潤文則負責收錢。一天之內就完成了交易，賺了幾百塊錢。週末，兄弟倆很開心地去 " 開心玩鬥城 " 玩具商店買了第二代的遊戲機盒和幾個遊戲光碟。

這個小小的練習讓他們明白銷售的步驟，學會銷售，交易和交收的程式。兩人少時候有著很多的願望，已明白父母親沒有萬貫家財來滿足他們的要求，他們學會規範自己的欲望，靠自己的實力去實現自己的夢想。

6 ｜ 課外活動

我的經驗認為父母孩子選擇的課外活動，應按照一條規律就是 " 貴精不貴多 "。選擇課外活動給孩子時，需要視乎孩子的體質，興趣和天分，不是 " 人云亦云 " 參加無數的課外活動班。因為太濫的活動不但掏空孩子單獨自處，探索世界，和休息的時間，使到孩子廣泛涉獵，無一精通。

　　如今的孩子甚至只有幾個月，父母為他們報讀了很多興趣活動班，比如外語會話，手工藝、音樂、體能運動，騎馬，舞蹈甚至是電腦程式設計等，認為讓孩子從小就接受各種訓練，便可以＂周身刀，張長利＂，獲得更多賞識，成為一個能文能武的人。我們也曾經擁有同一樣的觀點，認為孩子不能浪費課餘時間，用盡一分一秒報讀活動班，讓他們擁有廣泛的興趣，一個不敗的人生。

　　尚文出生的時刻，剛好是美國網球公開決賽的時間，打得如火如荼，瑞典名將比約柏格 (BjornBorg) 獲得冠軍。崇義是個網球手，看到了比賽，也在心中埋下一個夢想，希望尚文將來能成為網球冠軍。4 歲的時候，就開始讓他參加網球課，並且堅持了 11 年。

　　崇義和我期望尚文十項全能，全面發展。尚文 9 個月大的時候，我會帶他去社區圖書館，參加早上閱讀故事和唱歌的活動班。3 歲送尚文去托兒所，下午他會參加各種各樣的課外活動：音樂、滑冰、游泳，週六早上學習兩小時中國語文和一小時的私人網球教練班。6 歲時又增加了社區公園在夏天舉辦的足球和棒球活動，冬天則參加滑雪的興趣班。可以想像，平常的尚文非常繁忙，只有周日才可以休息。

　　我們像候鳥一樣帶著尚文、潤文到不同地方上課，直到 1988 年 9 月，潤文出了車禍，我們精力與時間都集中在潤文康復上，被逼減少了尚文的課外活動，只剩下游泳、網球和中國語文班。

　　尚文和潤文歷年頻繁的課外活動，讓崇義，我與孩子也透不過氣。讓現在的我在反思一些問題，這些課外活動是否有利於孩子的成長呢？能否讓他們未來獲得優勢呢？如果時光倒退，我會讓孩子們選擇自己最喜歡的領域，然後專門學習一至兩項，讓他們能培養興趣。其實孩子課外學習太多，消耗很多時間精力，他們就會變成"周身刀，無張利"。

但是，這些幼年時的培養活動也還是有益處的，讓他們在日常的生活中化解自身的生活壓力和苦悶。到現在尚文都喜歡球類的活動 — 網球和高爾夫球，潤文則喜歡戶外的活動 — 爬山和滑雪。

7 ｜ 成績滑落

面對孩子學業成績低落是每一個家長常遇上的問題，也是最頭痛的事。我也曾經經歷了過尚文和潤文的成績滑落，老師對他們的表現都非常擔憂。我的經驗告訴我，家長面對孩子成績不理想，最重要是心平氣和，去尋找滑落的原因，最好是請教老師補救的方式。以緩一時之需，也可以考慮聘用輔導老師。

尚文高中二年級時，化學老師往家裡送了一則通知，說尚文最近總是遲交作業。而潤文高中三年級時，應用微積分老師預測，他近期中考試成績很差，如果再不發奮直追，他預測他大學先修科的公開試 (Advanced Placement Test) 的分數會很低，可能影響潤文的入大學的資格。我二話不說立即聯繫學科老師，安排最早時間約會老師。

會見老師

老師們都是接受過教育學院的專業培訓，對於孩子在校的情緒，學科底子和理解能力比一般父母更清楚。會面時，我首先聆聽老師說明孩子的實際情況和問題，然後我會細問老師：孩子在課堂上是否專注？是否學科的基礎不足而導致不理解科目的內容？是否是經常性欠交作業？遲交作業的次數？孩子在學校的社交情況？。最後我虛心地請教老師，怎樣幫助孩子解決成績滑落，他們都會提供針對性的建議。

回到家，我會心平氣和地把老師的建議告訴孩子，並聆聽他們怎樣面對這些問題和實際解決的行動，我從來不會就此而懲罰他們。在談論中，我不會提及聘請輔導老師或上課外輔導班為解決方式，因為我希望他們能學會主動學習，並對自己的學業負責。

很幸運的是，尚文和潤文都願意承擔責任，改變了學習習慣，從懶惰變成積極，成績有顯著的進步，在期末考試的時候，獲得了 B 和 A- 的成績。

課外輔導

當然不是每一個孩子都有能力在短時間內有改善，尤其是孩子本身的學科基礎薄弱或理解能力有偏差，這樣的情況父母聘用輔導老師又無妨。

在孩子開始接受輔導前，家長應該向孩子強調，一. 輔導的目的是為了讓他瞭解學科內容，而不是替他完成作業。二. 輔導只是暫時性的，孩子如果趕上了班級進度，能夠完成學習要求，就會在下學期停止輔導。

暑期班

我們也用上其他補救的方法就是讓尚文，潤文在學校舉辦的暑期班選修薄弱的學科，進行補救；暑期班修讀過後，尚文的英語文學和潤文的微積分都有著明顯的進步，他們在大學入學的公開考試 (Statistic Achievement Test) 和大學預修學科 (Advance Placement Course) 的成績都拿到優良的分數。

第七章

生命中的良師

　　　　在尚文和潤文在小學階段出現了 2 個良師 ─ 羅利‧麥克勞老師和格羅‧金老師，麥克勞老師發掘了尚文的數學的潛能，修補了尚文英語語文的能力；金老師則糾正潤文做事的時間管理。有賴她們倆的悉心指導，花了大量時間教導和鼓勵孩子，扭轉了他們學途的變數，尚文從一個中庸學生變成為一個優異生，潤文從一個做事漫不經心的學生變成一個有時間觀念的學生。直到現在，崇義與我都衷心感謝他們。

1. 羅利‧麥克勞老師 (Ms. Lorriane Mclouglin）

　　　　麥克勞老師在小學 4 年級發現了尚文身上的潛力和薄弱點。用自己的力量鼓勵尚文不斷前進。讓尚文的學業換來一個 180 度的轉變。

　　　　男孩在語言方面比較晚熟，尚文表現尤其明顯，再加上我和崇義相信即使生活在國外，孩子也不能忘記中華文化的根，在家我們只向尚文說廣東話。尚文在托兒所的時候，英語詞彙很匱乏無法說流利的英語，表達自己的想法。所以在課堂時很少參加集體討論，也不怎麼和同學們交談；他小休的時刻，與男同學玩 " 勇士在和惡龍搏鬥 " 的遊戲時，大家都是使用的單詞或和簡單的句子表達，比如 " 我們來 "，" 您過去 "" 我做這些 " 等。

　　　　語文基礎薄弱的他極大限制了他的寫作能力和其他科目的理解。一年級的日記中，尚文經常只能寫這樣簡單的一句話：" 今天我和我的朋友尼古拉斯、約翰一起打球 "。(Today I played hand ball with my friends, Nicholas, Michael and John。)

　　　　從一年級到三年級，尚文的語文課成績總是 C 等。我和崇義為他的語文水準擔心，但是不知道從何入手幫助他，只能鼓勵他多閱讀語文故事。直到他上四年級，遇上班主任麥克勞老師，才出現了轉機。

麥克勞老師的幫助改寫了尚文的學途，提升他的學習能力，改變了尚文對自己的看法，幫助他建立自信。麥克勞林老師在學期開始就注意到，尚文的邏輯能力很強，能很快理解數學概念，於是安排他在同一學年自學四年級以及五年級數學課程。上數學課時，尚文坐在教室角落，自己看課本，並完成章節後的練習，之後就參加章節測驗，如果得到 90 分以上，就能學下一章。

自學的過程大大增強了尚文的自信，班上同學對他的看法不同了，認為他是數學才子，時常向他請教數學問題。

之後麥克勞老師也開始關注尚文的語文弱項。鼓勵尚文閱讀各類語文故事書，在寫作每天日記或作文時多用新的詞彙和複雜的句字，加入更多情節變化和人物描述。在她的指點之下，尚文願意花時間在寫作和閱讀上，語文成績顯著進步。

麥克勞老師發現了尚文身上的潛力和薄弱點。用自己的力量鼓勵尚文不斷前進。數學上的成績讓尚文體會到成功靠自己爭取。到今天，他都實踐著自己的座右銘 " 生命只有一次，應該努力追逐夢想，這樣當自己離世時不會後悔 "。

早期的數學技巧與閱讀和理解能力的關係

" 孩子早期的數學技巧不僅展現了他的數學天賦，而且也能預測他的閱讀和理解能力。其他變數比如智商 IQ、家庭收入、性別性格、教育背景等也不會影響著這個預測，數學成績是預測孩子將來成績的最佳指標。"

來源：美國西北大學教育研究學者
葛列格·杜康的報告

2. 格羅・金老師 (Ms. Gloria Kim)

　　　　潤文做事拖拖拉拉，對時間沒概念，漫不經心。同樣一份作業，尚文花 15 分鐘就做完，而潤文要用上 1 小時。而且坐不住，不能安靜學習超過 15 分鐘，任何一點動靜都會分散他注意力。監管他做作業實在是痛苦，每隔半刻鐘，我就得把他叫回桌前寫作業。

　　　　潤文還有點完美主義，會反復修改一篇文章直到他認為滿意為止。讓他完成作業真是困難重重。

　　　　所幸潤文遇見了一位好老師。在"溫哥華天主教學校"上四年級的時候，班主任金老師對學生非常認真負責。她在課堂中發現了潤文的毛病，總是拖拉和不專注，她主動約了我與崇義見面相量對策，提議我們攜手幫他改正缺點。每一份作業，她都寫下預計的完成時間，我們則記錄潤文實際完成時間。如果超過預計時間，金老師就會要求潤文在規定時間裡重寫作業。反復多次，潤文明白了拖延的代價，金老師用這個方法訓練了潤文 6 個月，之後潤文對時間有了觀念，意識到拖延的毛病，合理地管理做作業的時間。

　　　　總括，我們很感謝金老師對潤文的幫助，幫助他糾正陋習，為今後的學習和工作態度奠定了基礎。

第八章

Ｅ時代誘惑難擋

　　　　E 時代的來臨，帶來生活上方便也帶來生活上的無息作業，資訊娛樂氾濫，導致現代人做事時不能專注，時間總是覺得不夠用。加上 E 時代的產品五花百門，為了追上時代脈搏，我們不能禁止孩子用電腦做作業，用手機交流和玩網路遊戲。父母若不在孩子年幼時開始監管，很多青少年會沈迷在網路世界，變成自閉青年，終日在家獨處，上網打機，盡毀了前程。

　　　　尚文、潤文成長的時期是電子產品剛剛開始時發展的年代：電腦，電郵，短信 ICQ，電子遊戲、社交網站。80 年代個人電腦才開始流行，那是的網速如烏龜爬行，存儲量很小，下載一個應用軟體要等上 3-4 個小時，電子遊戲的載體必須是光碟。因為電腦的硬體配套追不上軟體的開發，所以當時尚文和潤文的玩電腦遊戲或流覽網站的習慣比較容易控制。

　　　　經過 20 年的優化，現在又是另一番光景，如今硬體配套升級，網路高速公路建成，平板電腦 iPad 或一部手機的功能就相當於一台個人電腦。上網的訊息、電視劇電影、網路遊戲、社交網站無時無刻不在分散孩子的注意力，在這種情況下，孩子們應該如何安排他們的讀書、活動和休息時間呢？

　　　　當孩子逐漸長大，他們擁有了自主性，家長就要步步為營，設定時間表，什麼時候看電視、玩遊戲，讓他們建立自律。在這我想分享我應對各式媒體的經驗。

1 ｜ 五花八門的電視節目

　　　　家長要控制孩子看電視的時間。觀看電視節目通常是孩子第一次接觸電視媒體和娛樂節目。尤記得尚文一歲半的時候，電視播放他最喜歡的卡通片，他就會放下手中的玩具，安安靜靜地坐在電視機前。讓我明白到要早一點規範他看電視的時間，他就會早一點建立自律性。

孩子還未有上學的時候，只是允許他們每天早晚觀看電視節目各一個半小時。其他時間電視都是關著的，比如吃飯的時間。週六晚上是例外，我們一家人會觀看租借回來的電影錄影帶。

到了孩子上小學到中學，每天有兩個時段我會允許他們看電視節目：下課回家後的一個小時和在晚上完成學習作業後的時間。這些年我們一直堅持這樣的習慣。

2 │ 網路的氾濫資訊

家長要控制孩子平板和個人電腦的娛樂時間和內容。

我認為在讓孩子接觸平板和個人電腦之前，父母需要培養孩子養成閱讀故事書的習慣和興趣。一旦本末倒置，他就會被網路的圖像化和娛樂性吸引，從此他便會對閱讀失去興趣，因為文字描述的情景要透過他的幻想力才可以領會，對比網路有圖像和精短的文字，他無需動腦筋就可以明白。

除此之外，長期盯著電腦、平板電腦或手機不利於兒童的視力和身體發育。長時間盯著電子屏也會影響睡眠和視力，常把 iPad 或手機抱在手上，變成為低頭一族，身體蜷曲，脖子前伸，留下很多後遺症。長期看著螢光膜會導致青光眼，視力喪失，神經受損，也導致頸椎，腰椎移位或退化變形，神經線勞損。

但是如今很多家長在忙碌的時候，為了令孩子安靜下來，就扔給孩子一個平板電腦，把它作為看管孩子的保姆，全不過問。聰明的孩子意識到父母實際放棄管教的權利，由他們主導他喜歡看的東西，玩的遊戲，他們的娛樂時間。

　　在尚文和潤文幼年時，我們已經設定每天娛樂的時間表，嚴格執行，控制他們玩遊戲、看電影、上網的時間。

　　網路的內容更是眼花繚亂，有的是益智的，有的卻是荼毒孩子的思想和行為。因此我與崇義都勤加監管他們下載的遊戲，直播平臺或流覽的網站，因為很多免費遊戲，電影和網站都充斥著“賭博，暴力，色情的文字或照片，教唆犯罪內容；內容都是宣揚淫穢，色情，危害社會的行為；誘騙孩子購買虛擬的產品或禮物。這些娛樂內容並不適合未成年兒童長時間觀看或參與，會影響他們未成形的道德觀和價值觀，主導他們的日常言行。我們一旦發現娛樂的內容不適合孩子，會馬上與他們討論，要求他們刪除這些娛樂內容。

3 ｜ 網路遊戲的沉迷

　　為防止孩子成為自閉青年，我們很嚴厲監管他們玩遊戲的時間，限制他們玩遊戲的自由。從小父母就需要控制他們，不能隨時隨地讓他們玩遊戲。但是在這個電子的年代，是很難禁止他們上網玩遊戲，尤其是男孩子。

　　最開始，我們對電子遊戲有些抗拒，因為玩遊戲很容易上癮，男孩尤其如此。後來，我意識到青少年的男孩子在一起時，談論的話題都是離不開電子遊戲的內容、如何打退敵人或怪物。如果他們不具備這種社交軟實力，就會被同齡人的圈子排除在外。也意識到玩遊戲也有其他的優點，比如訓練他們 " 一心多用 " 和 " 一眼觀七 " 做事的能力，手腦協調，從不全的資料怎樣快速作出判斷，選擇路向。

所以任天堂在 1983 年推出 " 超級馬裡奧 " 的遊戲之後，我們就給買了任天堂的遊戲機和幾個遊戲回家。

尚文的性子是做了一件事就會堅持下去，而一旦玩上遊戲，就完全入了迷。如果一局遊戲失敗了，就接著玩，直到打入下一關。如果不對他玩遊戲時間加以控制，他就會一直玩，到了睡覺的時候還不願意放手。所以我定了規條，從週一到週五孩子必須寫完作業之後，他們可以選擇看電視節目或玩電腦遊戲，每次的時間不得超過 60 分鐘。

對於孩子玩遊戲的習慣，作為父母一定要多注意。孩子一旦遊戲成癮，會對他產生諸多不利影響，上課難以集中注意力。在閱讀比較枯燥的書籍時缺乏耐心，也不會努力完成家庭作業。最嚴重的後果是，孩子會沉迷于虛擬世界，從遊戲的勝利中獲得滿足感，這樣孩子就不願回到現實生活，和朋友們多接觸。孩子或許高中課程還能應付，但是上大學之後由於沉迷遊戲，成績糟糕，很多科目不及格，最後被迫退學。長大後變成自閉青年，前途盡毀。

青少年玩網絡遊戲可能有助促進數學、閱讀、科學等學科成績

澳洲墨爾本皇家理工大學副教授波索（Alberto Posso）的研究報告。2012 年度測試澳洲 1.2 萬名 15 歲青少年的學習水準表現，探究使用互聯網習慣和學術成果關係。幾乎每日玩網絡遊戲的學生，數學分數較平均分數高 15 分，科學則較平均分高 17 分；每日上社交網的學生的數學科成績對比玩網絡遊戲的學生的分數則低 20 分。

波索教授分析，玩網絡遊戲時需用上一些基本常識和白天在學校學到的數學、閱讀及科學技能。較愛玩網絡遊戲的孩子，本身就具備在數學、科學和閱讀方面的天賦。

來源：國際傳播學刊

4 ｜ 手機：24 小時的即食文化

現在最能分散孩子注意力的應該是智慧手機，既是手機又能當一台小電腦，隨時隨地可以玩遊戲、上社交網路，看網路直播，流覽各式其式網站（包括色情，暴力等內容）的網站和購物。手機軟體 - 比如微信，What's App, Line 等都讓我們免費即時互轉短信，照片，短片，隨時隨地與多人對話。現在的青少年包括一部分成年人都對這些互動的新娛樂趨之若驚，大家更喜歡用短信交流，往往不能自拔，在任何場合都失去自控能力，變成低頭一族。

現在很多家長都給孩子買了手機，但我認為給 12 歲以下的孩子買智能手機對他們有害無利，其一，做事不能專注 —— 手機上不間斷的短信、電郵，很多時候孩子難以自控，每一次有

響號就要查看和回復。來電無論是討論作業或閒談都打擾孩子的專注，打斷了他們的思維，完成事情的時間可能比原來多一倍以上。其二，影響語言表達能力 ── 手機短信有自己一套手機簡化語言，常用通俗的詞彙和膚淺的句子來表達，多用後會孩子對閱讀詳盡的書籍或文章產生抗拒，語言和寫作表達能力變差和不懂得與長輩說話的禮儀。其三，活在虛擬的世界 ── 手機的娛樂讓孩子減小了戶外的活動，多選擇留在室內上網，打遊戲，聊天，購物。若長時間活在虛擬的世界，與人面對面的交流相對地減小，會影響個人的說話的技巧，聆聽的能力與人際關係，缺乏這些能力會影響他的領導才能。

　　在尚文、潤文最開始接觸電視、電子遊戲和電腦的時候，我們一早跟孩子確定規矩和娛樂時間。有關手機，我規定尚文和潤文，在學校的時候，手機必須在關機狀態。在家，學習、做作業、睡覺的時候也不許開手機。家長對孩子使用手機和其他電子產品的娛樂內容和時間須進行控制，孩子從小習慣娛樂內容和時間要受到約束，到了青少年期他們都養成自律，樂意遵守。因此尚文、潤文的中，大學的成績都未有倒退，並且我們很小為了手機問題而爭議。

成人，孩子都容易手機成癮

　　2016 年美國 Common Sense Media 發佈的一份調查報告顯示，在美國的 8 歲至 18 歲孩子，每天使用約 6 小至 9 小時網絡媒體，超過 50% 的美國青少年對手機上癮。孩子做家庭作業時經常接收和回復各方傳來的短訊，同一時多任務會降低孩子做事的專注和記憶力。因為減少了與朋輩面對面的交流的時間，導致他的社交能力與同情心下降，與父母和長輩的關係也變得緊張和多了爭議。

來源：新浪科技訊

第九章

社交網絡的陷阱

如今的社交圈以及不同以往，過去孩子只跟鄰居、校友來往。現在孩子們可以通過社交平臺和任何人接觸。人在寂寞的時候，理智是很脆弱的，一旦有人同情，都把這些外人理想化，便容易墮入預設的圈套，男孩子會被黑社會利用，參與盜竊或詐騙，販賣毒品，走私違法禁品等罪行，而女孩子則被恐嚇，非禮或強姦等。在中國，歐美國家有很多例案。孩子甚至離家出走，認為在網路關愛他們的人比父母的愛更深，無需再受父母的約束。通常的後果是摧毀孩子的一生的前途和幸福，甚至賠上性命。

因此，在孩子倆上大學前，我已經對孩子說明他們需要在網路上保護自己的名譽，不要胡亂貼上誇張的言論或政治色彩的文章，親密照片和視頻等，避免將來後悔，已經太遲了。

雙刃劍

如今的人們喜歡在社交網路上分享自己的生活、感想和觀點。社交網路：臉書，Twitter，What's App，Snap Chat，微博，微信和博客等是一把雙刃劍，頂級大學和大型的公司機構也會檢索個人的社交網路，觀察這位申請者的本來面目和人格，是否符合團隊的要求。而之前個人分享到網上的資訊影像視頻，大多數不能隨意刪除，因此成為個人的操行和修養的見證，對自身前途會帶來意想不到的噩夢，甚至賠上自己的生命。

上傳網絡的視頻

一個活生生的例子發生在 2016 年香港小姐冠軍馮盈盈身上，她被傳媒翻舊帳，在她的臉書 Facebook 戶口內，發現在 2014 年她曾經用粗言來評論 " 香港特別行政長官和建制派的黨員 "。和與友人的對話都混雜著粗言。現在已被傳媒冠名為 " 粗口港姐 "。

　　2016 年 9 月 16 日英國廣播公司的一則新聞報導，有關一名 31 歲的義大利女子提茲安娜（TizianaCantone）飽受網上羞辱而在家自殺身亡。在 2015 年她不甘心被前度男友拋棄，把她和一名男子的性愛影片傳給前男友和多名友人，籍此使她的男友感到後悔和嫉妒。可是該視頻很快在網上瘋傳，累積近百萬網民觀看和點評。經過一年的法庭申訴，最後裁決她擁有「被遺忘的權利」，要求各網站和搜尋引擎移除該短片。但是提茲安娜已經不起網上的羞辱和嘲笑言論，最終走上自殺之路。

　　對此個案，義大利資料保安局局長索羅說：「許多人截然不知社交網絡的危險，那是個無邊際的世界，我們一旦做出評論、貼上照片好或視頻，之後要從這些網站、移除這些檔案是非常困難。」

　　從以上這兩例子證明青少年需要謹慎他們在社交媒體的發表言行，懂得保護自己的私隱。因為這些言行會陪伴他們的一生，無法輕易刪除。

網路詐騙感情和金錢

　　此外，很多人透過社交網站假意申請成為您的好友，套取個人資訊，取得住址等，詐騙感情金錢等比比皆是。青少年和成年人尤其是女生一般不知世間險惡，誤信這些關懷，仰慕她的人是真情的，善良的。身為父母更加要告誡子女避免與在網路認識的人見面和交往，不要掉進至這些不法份子的圈套。

網路霸陵的行為

　　每一所學校的網路媒體都有霸凌的行為，選擇的對象通常都是比較內斂，害羞和不合群的男女生，他們用難堪的語言奚落，孤立受害者，使到受害者自尊受損，走上自殺之路。

怎樣防範孩子掉進陷阱呢？

為防範以上的事情發生家長應該多與孩子交流。我們發現最好的時刻就是每天的晚餐或週末的午餐，通常我們靜心聆聽尚文，潤文在餐桌的說話和話題，從而推考他在校內和校外的社交生活和他的內心世界。

一旦孩子的社交圈中或學業出現了問題，他們性格和行為會變得內向、壓抑，同時難於入睡或對什麼事都提不起興趣，這些都是孩子對生命沮喪的信號。家長應該及時和老師聯繫，探討孩子在學校的社交和學習問題，儘快幫助他找到解決困局的方法或是馬上延醫診治沮喪的病症。

最有效防範的方法莫過於預防勝於治療。在適當的年齡，讓孩子行使他們的自由權利，讓他們知道需要對自身的行為負責。在釋放權利的過程，父母必須在旁監管，懂得一收一放，有獎有罰，才會有效。

社交網上的預設陷阱

近年，有不法之徒網上交友為名，向認識的人士進行強姦、非禮、刑事恐嚇、盜竊或詐騙，威逼做犯法行為等罪行。這類型案件的犯案手法層出不窮。例子：(1) 女事主在交友平台認識男網友，在網上傾談期間，應對方要求裸露身體，最後遭勒索威脅進行性交。 或利用雙方關係用不同藉口向事主借錢。(2) 男事主為了掙更多零用錢或不義之財，在網上認識不法之徒，被誘編賭博，之后被引導做犯法的行為，比如網上行騙，盜竊行為，向朋輩販毒。

來源：香港警務處

第十章

美國史丹福大學
MBA 畢業生

　　　　經歷多年的起伏，最終尚文，潤文都能憑著自己的努力，克服一切學途中的困難，為自己訂立高目標，向目標漫步前進。他們倆很幸運獲得美國史丹福大學商學院錄取，因為教授們的鼓勵，他們都忠於自己的興趣，勇於去選擇自己的事業的路向。

　　　　尚文和潤文洞悉從知名的學府拿到 MBA 學位才會會獲得世界商界高度的評價，變成他們事業初始的本錢。MBA 課程不但可以拓寬視野，也讓他們有機會轉變職業的方向，為事業打開很多門，因為一般跨國公司都樂於招聘名校商學院的畢業生，對其畢業生的智慧和工作實力都無可置疑。

　　　　兄弟倆人被美國史丹福大學商學院的名氣深深吸引，但是進入史丹福大學商學院的競爭是很激烈，絕非易事。首先尚文，潤文既不是美國本土公民，也不是商業巨頭或者政治家族的後代。其次和哈佛大學商學院、賓夕法尼亞大學商學院等相比，史丹福大學商學院的班級人數最少，全級只有 350 名額。2005年尚文申請時，共有來自不同國家的最優秀的 7500 名申請者競爭。而潤文申請的一年，就更加激烈，收生率只是百分之 4.6%，外籍學生的比率更加小。

　　　　他們倆最終順利進入史丹福大學商學院，主要原因是他們都是有備而戰，讀本科學士學位的時候就開始為申請商科碩士（MBA）做好準備。他們以本科的優秀成績畢業，拿到 MBA 公開考試的高分數，過往在職的優異表現和他們獨特人生哲學，才獲得到史丹福大學商學院的錄取。

1. 主修課程

　　　　兩人在本科大學選讀了該大學最出名的學科專業：

尚文在賓夕法尼亞大學的沃頓（University of Pennsylvania, Wharton School of Economic）商學院並同時修讀電腦學士課程。潤文在卡耐基梅隆大學 (Carneige Mellon University) 工程學院以 4 年時間完成電機工程學士和管理資訊系統學碩士。他們倆都以最高等成績畢業。

2. 暑期工

　　　　從大學一年級開始，尚文和潤文就開始找暑期實習的工作，暑期工的工期通常是兩個至三個月不等。通過學校就業辦公室的電子告示板，他們向合適的公司投遞申請表。一般美國公司安排一次筆試、一次至兩次面試。最後一關是最難熬的，申請人被安排飛到公司總部，在辦公室待上一整天，接受多個部門高級主管輪流的面試。

　　　　兄弟兩人自尊心很強，不害怕面對公司的拒絕，在經過一場一場的面試之後，最終找到了職位，當其時每月實習工資大概是 3000 至 4000 美元。大四的一年 10 月左右，他們根本無需擔心找不到心儀的工作，因為他們過往的工作表現，筆試和面試表現優越，收到了多家公司的全職應聘書。

3. GMAT（美國商科碩士的公開入門考試）

　　　　在念本科（學士）最後一學期，尚文和潤文都報考了 GMAT，當時他們還沒考慮到要申請 MBA 商業碩士的課程，我相信，他們為了未來做好準備，提早積累這公開考試的經驗。

4. 工作經驗

　　　　在第一份工作中，他們倆都實踐了自己的人生哲理：“為了明天工作的準備就是做好今天的工作。” 他們不甘人後，總是力求表現得最好。在規定期限之前完成任務，而且尋求新的任務。

在工作崗位，尚文擅長於新產品在不同國家市場的推廣分析，公司的客戶對他的獨特的分析給予很高的評價，在他工作一年半之後，公司提升他成為專案主任，帶領員工到東南亞，歐洲地區工作。而潤文則超越了工作範圍，在一個金融的項目他指出了現有客戶公司銷售系統的不足，推薦了一項新 IT 專案的運行，成功為公司拿下新專案。他們的工作經歷充分證明，他們不僅擅長學習，也知道如何將知識運用到工作中。

事業成功的密碼

英國的 Go Compare. Com 解開邁向事業成功的密碼。 研究過去 20 年全球百大富豪的特徵， 從 1992 年至現在，86% 的美國百大富豪曾就讀美國的哈佛大學，史丹福大學等頂尖名校，主修學科是工程，經濟，和商企業管理系。

來源：英國的比較網站 Go Compare. com

第十一章

未來的人生

　　　　兩個孩子從美國史丹福大學商學院畢業，看著他們獨立，事業開始紮根，我與崇義這麼多年的努力也有了結果。這些年來，我們一直努力為孩子們創造一個良好的環境，為他們的成長保駕護航。孩子離家後，我們與孩子的關係從父母子女變成為要好朋友，時刻提醒自己是時間放手了，因為他們已經是獨立的個體，不再屬於我們的。

　　　　孩子成人後父母也要逐漸轉換角色。父母應避免用以前的語氣，以前的態度去跟他們說話，交往時需尊重他們的立場，不再左右他們的決定。時刻提醒自己留空間給他們，讓他們當家作主，對自己的選擇和行為負責，走自己的人生之路。

　　　　在此，讓我借用美國重量級拳王冠軍 – 阿裡‧穆翰默德 (1942 年 - 2016 年) 的名言來說明人生成功的奧秘 。

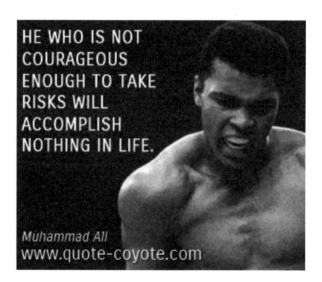

圖片來源 ： Quote-coyote.com

1. 堅強的意志

一個冠軍的誕生不單只是憑著努力不懈的鍛煉，而是發自內心的欲望，夢想和期望。成功奪取冠軍的三大元素：精力充沛，卓越的技能和堅強的意志。

成功路上擁有堅強的意志比卓越技能尤其重要。

2. 付出的代價

觀眾只是看到我在比賽台上的勝利時刻，不知道在勝利的背後我所付出的代價；在健身室內漫長的練習，在外經歷無數次失敗的公開賽事。

3. 面對失敗

在這拳賽前，我從未估計我會輸掉這場比賽。現在既然輸了比賽，我應面對對我有期望的人：包括觀眾、經理人、教練，親人和朋友，承認人生路途中的失敗。

4. 勇氣嘗試

如果您未有勇氣去嘗試新事物，將來的事業發展只會局限在自設的框架內。

第十二章

世界最偉大的愛：
「我愛我自己」

在這世界上，父母對子女的愛是最無私的。同樣，我認同美國黑人女歌手惠特尼·侯斯頓 (Whitney Houston) 在她的經典歌曲：「世界上最偉大的愛 The Greatest Love of All」唱出："世界最偉大的愛是 —「我愛我自己」，心中有了這份愛，在孤立無援時，用這份愛的力量去面對逆境，這份尊嚴埋藏在心底，誰都不能拿走的"。

孩子是我們的未來，作為父母，努力培養孩子「我愛我自己」。孩子有了這份愛，他懂得愛自己，愛他身邊的人，愛他的選擇。在他們成長路上，能夠發輝自己的優點，走自己的路。自立，自專，自信伴隨著他們一生。

「世界上最偉大的愛
The Greatest Love of All 」的歌詞

我相信兒童是我們的未來
好好教導他們，讓他們走自己的路
讓他們意識到自己的優點
培養他們的自尊心
讓孩子們的笑聲，提醒我們的過去

每人都在尋找一位英雄
尋覓一位值得敬重的前輩
但是在人海中我卻未遇上
在孤單寂寞中，我學會了自立
已經決定不再模仿別人
如果我成功，如果我失敗
至少我依靠自己的信念而活

我堅信，不論外人奪走了我的全部
都奪不走我的尊嚴
因為我內心存在最偉大的愛
我愛我自己
這就是最偉大的愛

如果恰巧那個特別的地方
是你的夢想之地
當你身陷逆境、孤立無援
從內心處尋找愛的力量去面對逆境

學會愛自己
把它埋藏在心底內
我愛我自己
這就是世界上最偉大的愛

總統教育嘉許狀

給成績卓越的中學生
美國總統克林頓署名

熊尚文 Robert Hsiung

熊潤文 Brandon Hsiung

育兒的耕耘，種瓜得瓜，種豆得豆

父母像農夫一樣，要按照季節和瓜，豆成長階段來調教澆水的次數與容量，澆水太多或缺水，也會對瓜，豆造成傷害，影響其成長的節律。

父母，每天要用 "適量的澆水 "去培養孩子學問的根基，培養孩子腳踏實地去追尋夢想，以免 " 少壯不努力，老大徒悲傷 " 。